计算机类本科规划教材

C语言程序设计实践教程

王鹏远　尚展垒　李　萍　等编著

電子工業出版社
Publishing House of Electronics Industry
北京 · BEIJING

内 容 简 介

本书是《C 语言程序设计》（尚展垒等编著，电子工业出版社）配套使用的学习用书，内容对应于主教材中的每一个章节。本书每章节分为实验学时、实验目的和要求、实验内容与操作步骤、实验作业、问题思考等内容。在每个章节，实验的内容都是由易到难、代码的长度从短到长，让读者循序渐进地掌握相应的知识点。在问题思考中，提出相关的有一定难度的问题，让读者进行思考，以达到能够灵活运用知识的目的。最后一个实验为综合实验，该实验的程序要求的功能多，实现起来要用到多章节的知识，使学生把各章节内容综合应用。

本教材适合作为高校相关课程的实践环节教材，也适合于各种培训和编程爱好者及参加全国计算机考级考试（二级 C 语言）考试人员的自学参考书。

图书在版编目（CIP）数据

C 语言程序设计实践教程/王鹏远等编著. 一北京：电子工业出版社，2017.2

ISBN 978-7-121-30738-6

Ⅰ. ①C… Ⅱ. ①王… Ⅲ. ①C 语言－程序设计－高等学校－教材 Ⅳ. ①TP312.8

中国版本图书馆 CIP 数据核字（2016）第 316737 号

策划编辑：袁　玺
责任编辑：郝黎明
印　　刷：三河市鑫金马印装有限公司
装　　订：三河市鑫金马印装有限公司
出版发行：电子工业出版社
北京市海淀区万寿路 173 信箱　邮编　100036
开　　本：787×1 092　1/16　印张：10.75　字数：275 千字
版　　次：2017 年 2 月第 1 版
印　　次：2017 年 2 月第 1 次印刷
定　　价：24.00 元

凡所购买电子工业出版社图书有缺损问题，请向购买书店调换。若书店售缺，请与本社发行部联系，联系及邮购电话：（010）88254888，88258888。

质量投诉请发邮件至 zlts@phei.com.cn，盗版侵权举报请发邮件至 dbqq@phei.com.cn。

本书咨询联系方式：（010）88254536。

前言

本书针对现代教育教学改革理念，在提高教学效率的同时，力求提高学生综合实践的能力。本书是在作者多年软件开发和C程序设计教学实践经验的基础上，根据现代高校教学改革特有的情况及现代计算机教学的规律，收集分析了大量的教学文献，并基于实际应用而编写的。本书可作为与《C语言程序设计》（尚展垒主编，电子工业出版社）配套使用的学习用书。

本书每章节分为实验学时、实验目的和要求、实验内容与操作步骤、实验作业、问题思考等内容。实验的目的和要求是把本章的知识点及实验的基本要求加以提炼，让学生在实验前把相关的知识进行准备和复习。在实验内容与操作步骤中，根据章节知识点的需要，有的章节配有多个实验，其实验的内容都是由易到难、代码的长度从短到长，让读者循序渐进地掌握相应的知识点，同时，对实验的内容进行分析和说明，必要时，附有程序的运行结果。在相关的思考中，对程序进行必要的修改（如用其它的语句、新的算法，或者是对输入的数据进行改造）或提出一些想法，让学生进行思考，进而解决问题，以达到能够灵活运用知识的目的。这些思考带有一定的难度，以激发学生思考的积极性。

最后一个实验为综合实验，该实验的程序要求的功能多，实现起来要用到多章节的知识（如：文件、数组、循环结构、选择结构、结构体等章节的知识），使学生把各章节的知识加以综合应用，达到领会贯通的目的。

本书由郑州轻工业学院的王鹏远、尚展垒、李萍等编著，参加本书编写的还有郑州轻工业学院的苏虹、陈嫄玲。其中王鹏远任主编，尚展垒、李萍、苏虹、陈嫄玲任副主编。第1、5章由陈嫄玲编写，第2、6章由苏虹编写，第3、9、12章由尚展垒编写，第4、8章由李萍编写，第7、10、11、13章由王鹏远编写。在组织编写的过程中，尚展垒负责本书的审稿工作，王鹏远负责本书的统稿工作。

感谢郑州轻工业学院、电子工业出版社、河南省高等学校计算机教育研究会对本书大力支持。

由于教学任务繁重，加之本书编写时间紧迫，书中难免会出现一些错误和不足之处，在此恳请广大读者批评指正，并提出宝贵意见。

编著者

目录

第 1 章

程序设计基础

本章介绍程序设计语言的分类及特点、C 语言的产生、算法的概念及特性、算法的描述方法，以及软件的编制步骤等。在本章实验中，将了解 Visual C++6.0 的编程环境，掌握 C 程序的编译过程，通过简单实例，用流程图设计算法，根据算法描述编制出 C 源程序，进一步编译、链接、运行，掌握 C 语言程序的基本结构及编译运行流程。

实验 1 Visual C++ 6.0 运行环境

一、实验学时

2 学时

二、实验目的和要求

（1）熟悉 Visual C++6.0 的运行环境。
（2）学习 Visual C++6.0 程序的编译过程。
（3）掌握用程序流程图描述算法。

三、实验内容与操作步骤

Visual C++6.0 是 Microsoft 公司推出的基于 Windows 环境的 C/C++集成开发工具，通常可以被单独安装。它功能强大，不仅可以用来开发 Windows 应用程序，还能直接编辑、运行 C++程序。其对下兼容，使得在 DOS 环境下（例如 Turbo C）开发的普通 C 程序也能在 Visual C++6.0 平台上方便地实现编辑、编译、链接与运行，因此 Visual C++6.0 作为一种 C 语言编译软件或者开发工具被广泛使用。

1.【实验内容 1】

认识 Visual C++6.0 开发环境，了解 C 源程序从创建到运行的过程。

实验内容 1 的操作步骤如下。

（1）在 Windows 桌面上，单击“开始”菜单→“程序”→“Microsoft Visual C++6.0”程序项或直接双击桌面上 Visual C++6.0 的图标（如图 1-1 所示），即可启动 Visual C++6.0 开发环境。

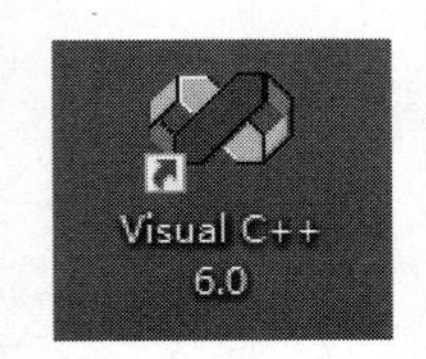

图 1-1　Visual C++6.0 图标

（2）Visual C++6.0 启动后，主窗口界面如图 1-2 所示，单击“文件”菜单→“新建…”，打开新建工程对话框，创建 Visual C++6.0 工程。

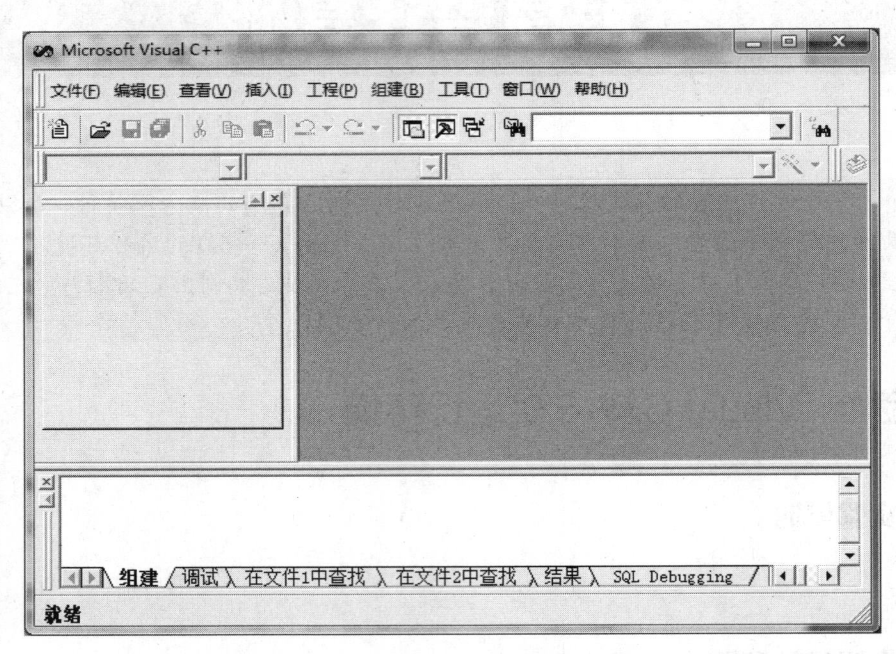

图 1-2　Visual C++6.0 主窗口界面

在 Visual C++6.0 中有“独立文件模式”和“项目管理模式”两种方式来编辑、编译、运行 C 语言源程序。当需要编写的源程序文件比较简单时可采可用独立文件模式直接创建、录入、编辑、链接、运行；当一个程序由多个源程序文件组成时，可使用项目管理模式将全部源程序文件合在一起，构成一个整体程序，该程序在 Visual C++6.0 中称为项目。两种模式在启动开发环境、编译、连接、运行等方面是相同的，主要区别在于运行环境的建立、源程序的录入与编辑。下面介绍的是在“项目管理模式”下运行 C 语言，“独立文件模式”运行 C 语言比较简单，此处不再赘述。

（3）在“新建”对话框中，选择“工程”选项卡，如图 1-3 所示，从中选择“Win32 Console Application”（32 位控制台应用程序）项，在屏幕右侧“位置”框中输入新建工程的存放路径（本例为 d:\student），最后在“工程名称”文本框中输入新建工程名（本例为 ch0l）。此时系统将在 d:\student 文件夹下自动生成一个名字为 ch0l 的文件夹，并在该文件夹中自动生成 ch0l.dsp（工程文件/项目文件）、ch0l.dsw（工作区文件）和 debug 文件夹（用于存储编译、链接过程中产生的文件），单击“确定”按钮，完成设置。

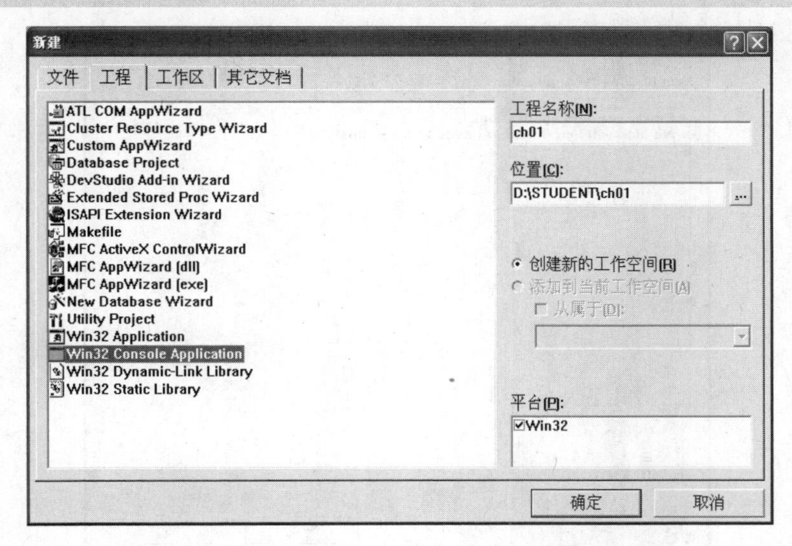

图 1-3　Visual C++6.0 新建对话框

（4）显示如图 1-4 所示的对话框，要求选择工程文件的类别，有 4 个可选项目。

- “一个空工程（An empty project.）”表示系统仅仅生成一个空白的工程项目，连 main()函数也不提供，一切文件都由用户自己输入；
- “一个简单的应用程序（A simple application.）”表示系统生成一个仅带 main()函数的工程项目，但该 main()函数仅有框架无函数体。
- “一个 Hello World!程序（A “Hello,World!” application.）”功能与“简单的程序”基本相同，只是 main()函数的函数体中有一句 printf("Hello World! ")语句。
- “一个支持 MFC 的程序（An application that supports MFC.）”表示创建一个 MFC 类型的应用程序。

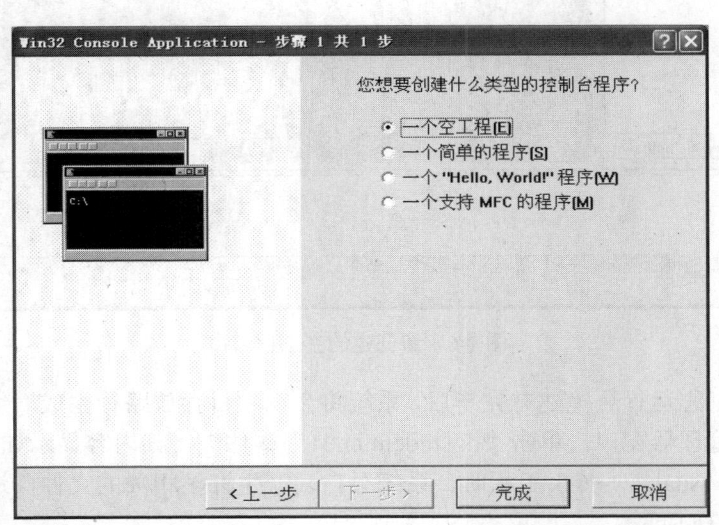

图 1-4　选择工程类别对话框

（5）选择“一个空工程[E]”选项，单击“完成”按钮。显示即将新建的 Win32 控制台应用程序框架说明，如图 1-5 所示。

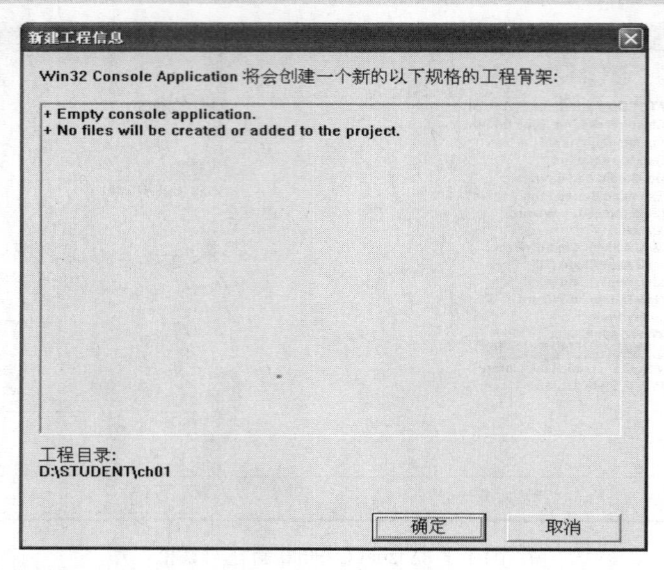

图 1-5　Win32 位控制台应用程序框架说明

（6）在确认 Win32 控制台应用程序新建工程信息无误后，单击“确定”按钮，弹出 ch01 工程编辑窗口，如图 1-6 所示，至此“工程管理模式”的运行环境已经建立。

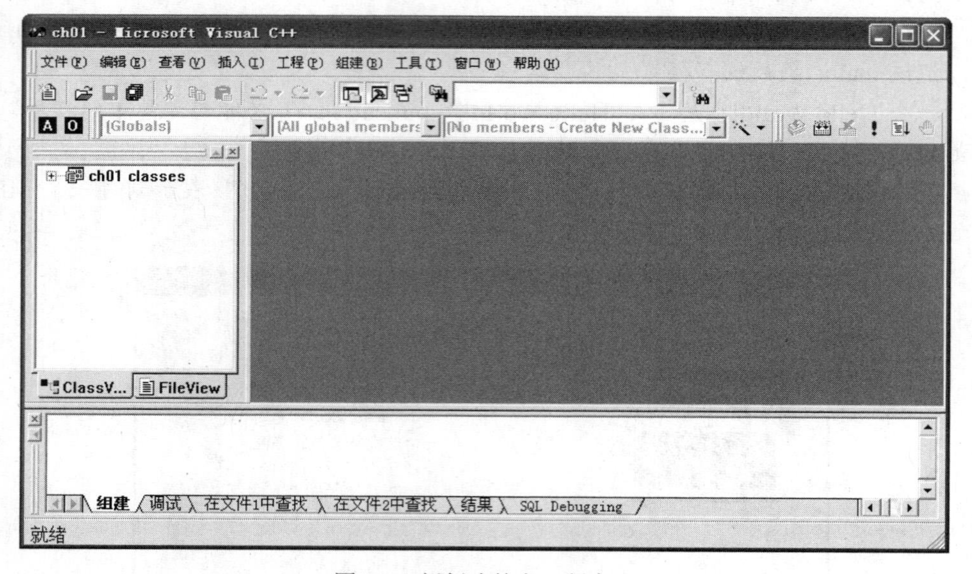

图 1-6　新创建的空工程窗口

一个新建的工程运行环境建立完毕后，系统将会在项目存放路径生成一组相关的文件夹和文件，打开资源管理器窗口，单击“d:\student\ch01”文件夹，其内容显示如图 1-7 所示。

在创建一个 Visual C++6.0 工程时，系统会自动产生许多相关的文件，这些文件不同的类型和作用简单介绍如下：

.cpp 文件：Visual C++6.0 源程序文件，即程序代码，可以单独用记事本打开编辑。

.dsw 文件：工作区（Workspace）文件，用它可以直接打开工程，属于级别最高的 Visual C++6.0 文件。

.dsp 文件：项目文件，主要用来存放应用程序的有关信息。

.opt 文件：是工程关于环境的选项设置文件，当运行的机器环境发生了变化，该文件删除后也将自动重建。

debug 文件夹：在刚刚建立工程时里面还没有任何文件，只有当程序编译、链接、运行以后，程序的可执行文件等其他相关文件会放在其中。

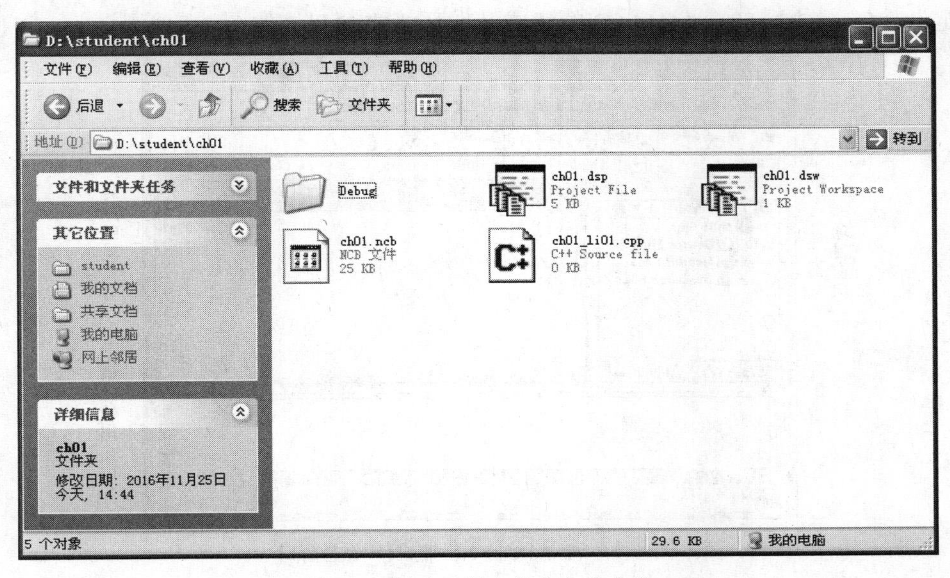

图 1-7　新建工程文件夹中的文件

“项目管理模式”下，一个项目由多个源程序文件组成，应该分别对源程序进行创建、录入、编辑，上一步仅仅创建了一个空的工程，必须将 C 源程序文件和头文件添加到工程中去，才能运行工程。接下来我们将在上面创建的工程 ch01 中添加一个 C 源程序。

（7）Visual C++6.0 主窗口中打开“文件”菜单，选中“新建”命令，打开如图 1-8 所示的“新建”对话框。

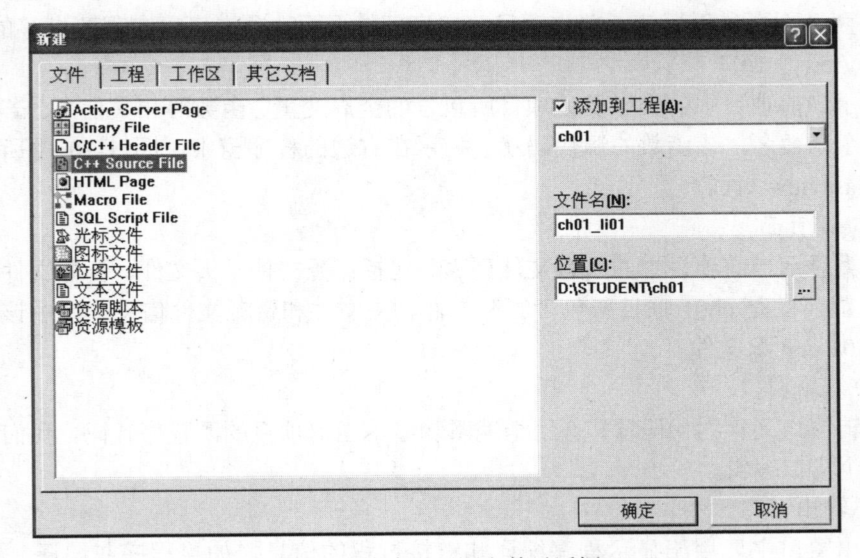

图 1-8　新建 C++源文件对话框

（8）单击“文件”选项卡，在左侧列表中选择“C++ Source File”选项，选中“添加到工程”复选框，再在右侧“文件名”文本框中填写要新建的源程序文件名，本例输入ch01_li01，即在工程ch01中新建源程序文件ch01_li01.cpp。这里没有输入文件的扩展名，系统会自动添加默认的扩展名“.cpp”，如果用户想创建扩展名为“.c”源程序文件，在文件名框中输入“ch01_li01.c”即可。工程下拉框和位置下拉框中已显示创建工程时的设置，这里不要更改，单击“确定”按钮，进入Visual C++6.0的集成开发环境主窗口，如图1-9所示。

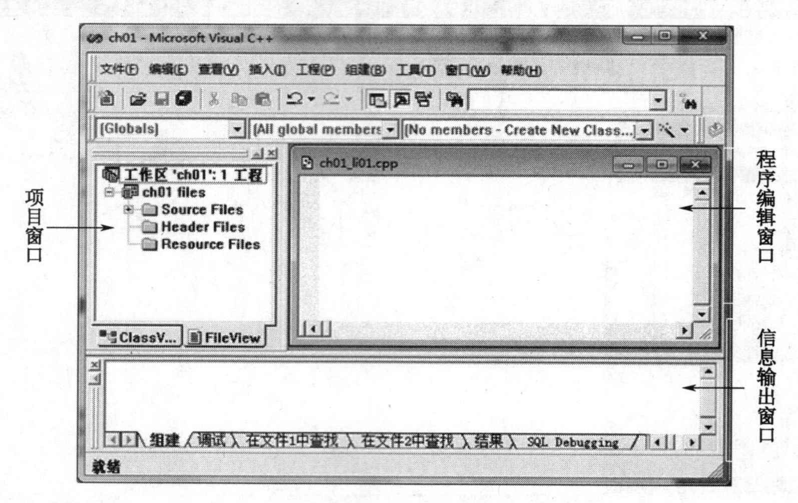

图1-9 Visual C++6.0集成环境主窗口

Visual C++6.0的集成开发环境中，除包含一般应用程序窗口所共有的标题栏、菜单栏、工具栏、状态栏等部件以外，还包含项目窗口、程序编辑窗口和信息输出窗口三个视窗。

① 项目窗口。

项目窗口也称为项目工作区，主要显示开发的工程项目中的全部信息，包括类名、文件名及其项目文件等文件和函数列表，项目工作区文件的扩展名是.dsw，如果要打开项目，可以直接打开项目对应的工作区文件即可。在Windows的32位应用程序中，项目窗口包含有ClassView和FileView两个页面显示标签，单击项目窗口底部的页面选项卡可以实现两标签的切换。

- ClassView 页面

用于显示当前项目中的类以及该项目所包含的全局变量、函数等相关信息。若从该页面窗口中单击某个函数名，该函数的源代码就会显示在右边的程序窗中，图1-10中所示的就是项目窗口的Classview页面。

- FileView 页面

用于分类显示当前项目中的所有文件列表。包括：源文件、头文件、资源文件和帮助文件等。图1-11显示的是ch01项目所包含的源文件、头文件和资源文件信息。图中该项目仅包含一个ch01_li01.cpp源文件。

② 程序编辑窗口。

程序编辑窗口又称为代码窗口，用于编辑和显示当前项目的源程序代码，我们后续的程序代码将在这个窗口编辑。

③ 信息输出窗口。

信息输出窗口主要用于显示程序编译和链接过程的信息。如果程序在编译、链接时没有错误，就会在该窗口显示程序编译和链接过程和对应的程序的名字等信息；若出错就显示出错信息。

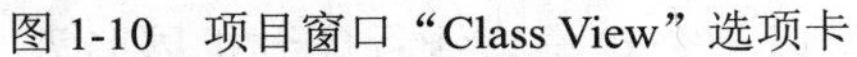

图 1-10　项目窗口“Class View”选项卡

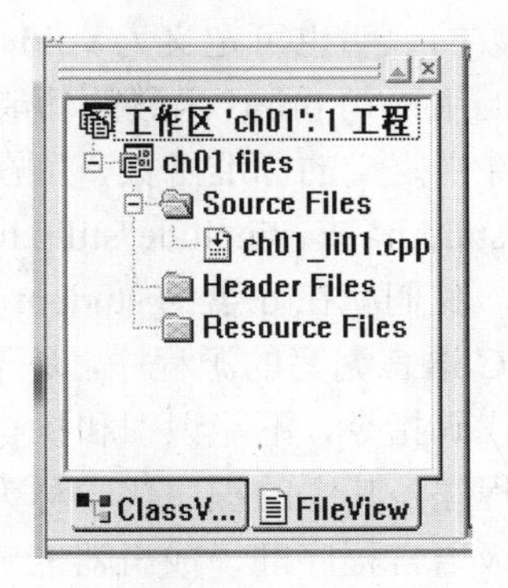

图 1-11　项目窗口“File View”选项卡

（9）在 Visual C++6.0 的程序编辑窗口中可以输入、编辑源程序代码，也可以用“文件”→“打开”菜单命令打开以前的程序。本例输入以下的 C 程序，如图 1-12 所示。

```
#include <stdio.h>

int main()
{

  printf(" 这是我编写的第一个C语言程序！");

  return 0;

}
```

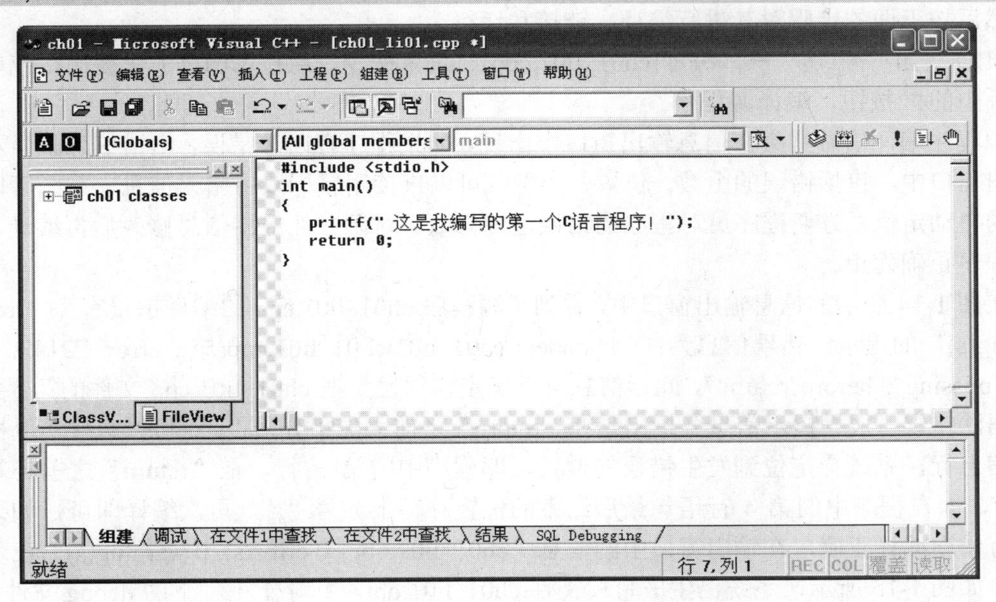

图 1-12　源程序输入窗口

源代码说明：

main 是主函数的函数名，表示这是一个主函数。每一个 C 源程序都必须有且只有一个主函数（main()函数）。“return 0;”表示 int main()函数结束，返回 0。

主函数的说明也可定义为 void main()或 main()，此时可省略 return 语句。

函数调用语句 printf 函数的功能是把要输出的内容送到显示器中显示。printf 函数是一个在 stdio.h 文件中定义的标准函数，可在程序中直接调用，因此每个源程序首部要书写预处理语句 #include <stdio.h>或 #include"stdio.h"。

至此，我们就在 d:盘的 student\ch0l 文件夹下创建了 ch01_li01.cpp 源程序文件。

使用 C 语言编写的源程序，是不能直接运行的。因为计算机只能识别和执行由 1 和 0 组成的二进制代码指令，不能识别和执行由高级语言编写的源程序。源程序就是用某种程序设计语言编写的程序，其中的程序代码称为源代码。因此，一个高级语言编写的源程序，必须用编译程序把高级语言程序翻译成机器能够识别的二进制目标程序，通过和系统提供的库函数和其他目标程序的连接，形成可以被机器执行的目标程序。所以一个 C 语言源程序到扩展名为.exe 可执行的文件，一般需要经过：编辑→编译调试→链接→运行四个步骤，上面我们编辑的源程序 ch01_li01.cpp 要想让计算机执行，需要经过如图 1-13 所示的步骤进行编译链接。

图 1-13　C 语言源程序编译链接流程图

编译时，会对源程序文件 ch01_li01.cpp 中的语法错误进行检测，并在信息输出窗口中给出反馈，编程者根据提示将错误一一纠正后完成编译，形成目标文件 ch01_li01.obj。链接是将程序中所加载的头函数及其他文件链接在一起，形成完整的可执行文件 ch01_li01.exe。

项目管理模式下源文件输入、编辑完成后，单击“文件”→“保存”命令，对文件进行保存，然后按下面的步骤对其进行编译、链接和运行。

（10）单击“组建”→“编译[ch01_li01.cpp]”菜单命令，或按 Ctrl+F7 快捷键，或单击工具面板中的按钮，编译源程序。

源程序编译信息将会在信息输出窗口中出现。如果程序有语法错误，出错信息就显示在信息输出窗口中，包括错误的个数、位置、类型，可以直接用鼠标双击错误信息，系统可以实现错误的自动定位，方便程序员对程序的错误进行修改。对源文件出错信息修改后再编译，一直到源程序正确为止。

在图 1-14 所示的信息输出窗口中，看到了源程序 ch01_li01.cpp 的编译错误有“1 error(s), 0 warning(s)”的提示，错误信息为：“d:\student\ch01_li01\ch01_li01.cpp(5) : error C2143: syntax error : missing ';' before 'return'”，此行信息可以确定错误发生在 ch01_li01.cpp 文件的第 5 行，并且是语法错误，根据提示信息分析出是在“return”之前丢失了分号“;”，可以直接用鼠标双击错误信息行，系统会定位到发生错误的位置，即程序中的第 5 行，在“return”之前补写上分号“;”，即在程序中的第 4 行语句最后结束的位置补写上分号“;”，再次编译即可。如果程序中没有错误编译正确，在输出窗口中的信息“ch01_li01.obj - 0 error(s), 0 warning(s)”表示编译完成，如图 1-15 所示，系统已生成目标文件 ch01_li01.obj，并存于工程下的 debug 文件夹下。

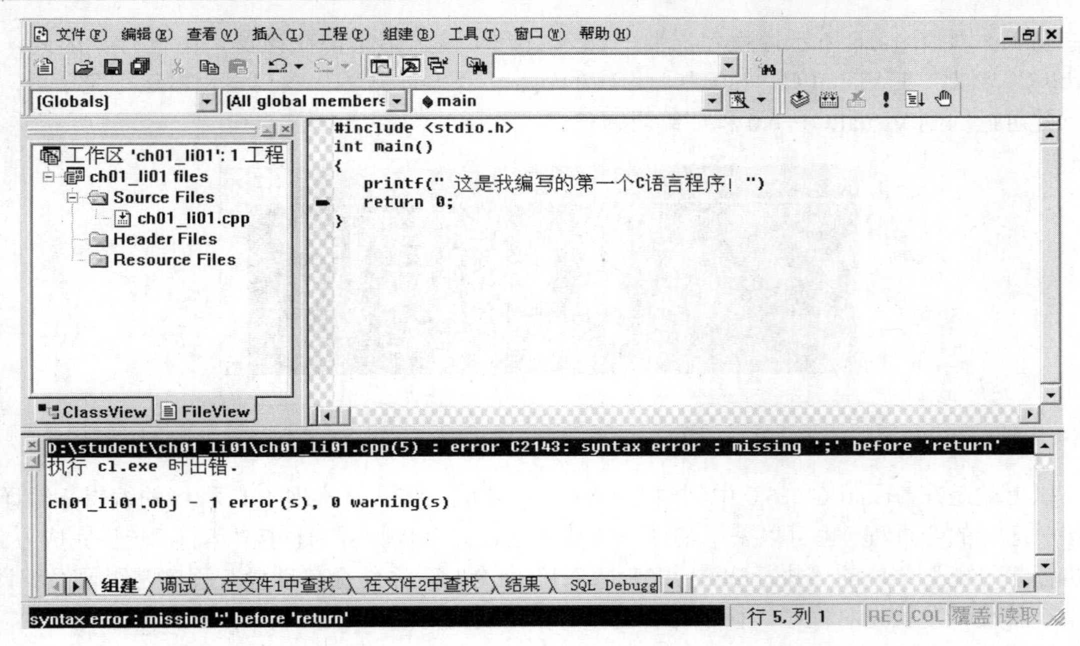

图 1-14　在编译时出错时输出的信息

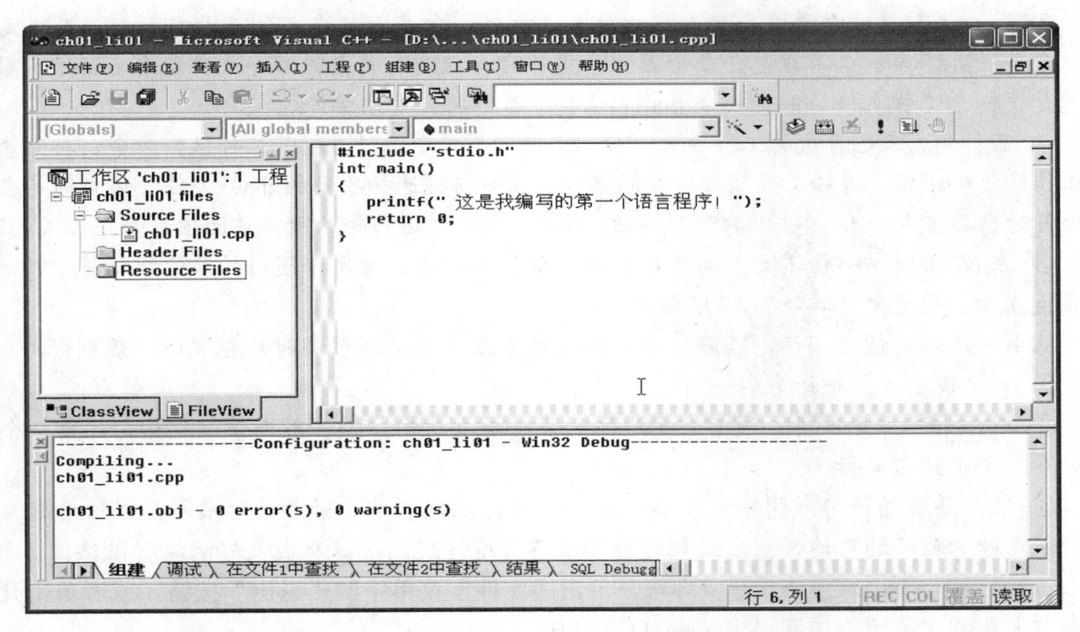

图 1-15　在编译正确时输出的信息

要注意的是：C 语言源程序的每一条语句需以“;”作为语句结束，但预处理命令、函数头和花括号“}”之后不能加分号。

（11）编译通过后，单击 “组建”菜单，选择“组件[ch0l_li01.exe]”命令或按 F7 键，或单击工具面板中的 按钮，即开始进行链接。链接成功与否会在输出窗口中显示信息，如果链接成功，则生成可执行文件 ch0l_li01.exe，存于 d:\student\ch01_li01\debug 文件夹下。

（12）链接成功后，从“组建”菜单中选择“执行[ch0l_li01.exe]”命令或按 Ctrl+F5 快捷键，或单击工具面板中的 ! 按钮运行 ch0l_li01.exe 文件，系统自动打开一个模拟 DOS

状态窗口，如图 1-16 所示，程序需要的输入数据与输出结果都在该窗口中进行。因此，与 Turbo C 类似，在 Visual C++6.0 中，程序的输出并不显示在输出窗口。程序运行完毕后，按任意键可返回到 Visual C++6.0 程序编辑窗口。

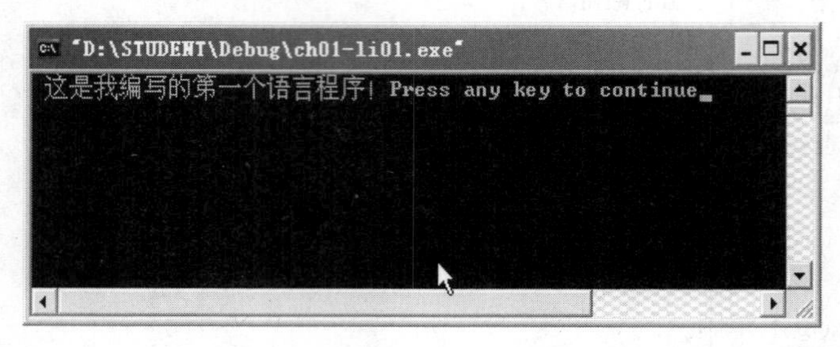

图 1-16 程序运行的 DOS 窗口

以上就是在 Visual C++6.0 中创建 C 程序运行环境的方式，实现了 C 程序的编辑→编译→链接→运行的全过程。也可以采用编译→链接→运行三个步骤合为直接“运行”一步完成方式，在执行“组建”菜单的“执行[ch01_li01．exe]”命令时，系统会自动检查程序是否已经编译、链接。若没有，就先对程序执行编译和链接，然后再运行。

说明：

① 一个工程可以包含多个源程序文件和头文件，但是源程序文件至少有一个，而头文件可以允许没有；当一个工程包含多个源程序文件时，只能有一个源程序文件包含 main()函数，也就是说一个工程文件只能有一个 main()函数，否则将会发生编译错误。

② 若打开原来已存盘的工程项目，在“文件”菜单中选择“打开工作区”命令，打开“打开工作区”对话框，选择工程项目所在的路径，从对话框选择项目的.dsw 文件（该文件是在创建项目时自动生成的），单击“打开”按钮，编辑、链接、运行等步骤与前面项目管理模式相同。

③ 在 Visual C++6.0 环境下编辑 C 程序，对于单行的注释允许惯用的简化标记符“//”，对于多行注释，使用“/*-----*/”标记形式。

从书写清晰，便于阅读，理解，维护的角度出发，在书写程序时应遵循以下规则：

① 一个说明或一个语句占一行。

② 用{ }括起来的部分，通常表示程序的某一层次结构。{ }一般与该结构语句的第一个字母对齐，并单独占一行。

③ 低一层次的语句或说明可比高一层次的语句或说明缩进若干格后书写。以便看起来更加清晰，增加程序的可读性。在编程时应力求遵循这些规则，以养成良好的编程风格。

（13）退出 Visual C++6.0 开发环境，单击“文件”菜单中的“退出”按钮，或者单击开发环境右上角的“关闭”按钮退出 Visual C++6.0。

2.【实验内容 2】

根据命题要求“输入任意三个整数，求它们的和及平均值”，绘制程序流程图，在 Visual C++6.0 中输入程序，验证程序的运行结果。

实验内容 2 的操作步骤如下。

（1）绘制流程图。

此问题是一个简单的输入、求解、输出的过程，是典型的顺序算法，流程图用到的基本组件有起止框、输入/输出框、处理框、流程线。绘制出程序流程图如图 1-17 所示。

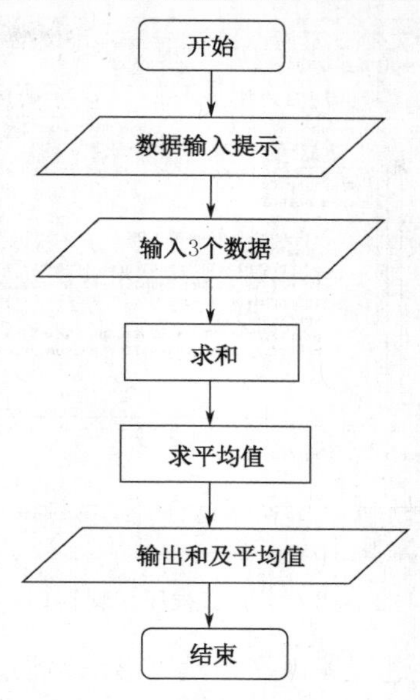

图 1-17　程序运行流程图

（2）执行“开始”→“程序”→“Microsoft Visual Studio 6.0”→“Microsoft Visual C++ 6.0”，菜单命令启动 VC++6.0。

（3）执行“文件”→“新建”命令，新建“Win32 Console Application”，选择存储路径及设定项目名称创建一个空工程。

（4）再次执行“文件”→“新建”菜单命令，新建一个“C++ Source File”，输入文件名，添加到步骤（2）创建的工程中。

（5）在程序编辑窗口中输入如下代码，如图 1-18 所示。

```
#include <stdio.h>

void main()
{
    int num1,num2,num3,sum;
    float aver;

    printf("Please input three numbers:");
    scanf("%d,%d,%d",&num1,&num2,&num3);/*输入三个整数*/

    sum=num1+num2+num3;                  /*求累计和*/
    aver=sum/3.0;                        /*求平均值*/

    printf("num1=%d,num2=%d,num3=%d\n",num1,num2,num3);
    printf("sum=%d,aver=%7.2f\n",sum,aver);

}
```

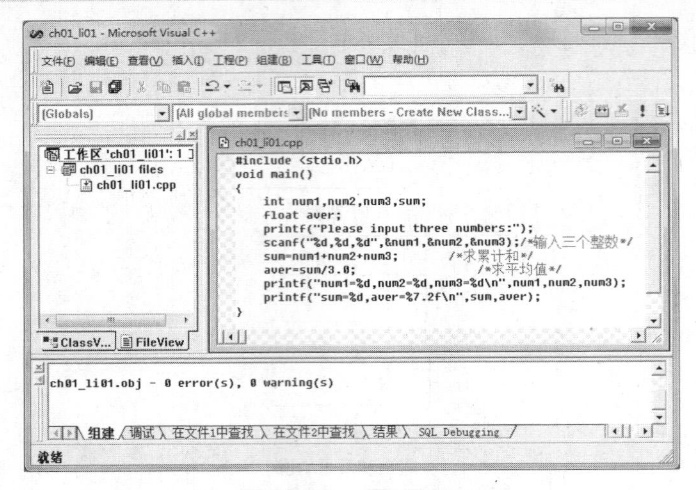

图 1-18　实验 2 程序编辑窗口

（6）单击工具面板上的，进行编译，如没有语法错误，下面的“组建”窗口将输出“0 error(s)，0 warning(s)”的信息，如出现错误，则根据错误提示修改源程序，直到编译成功为止；编译没有语法错误后，单击工具面板上的，进行连接，此时依然是通过“组建”窗口查看连接信息，若出现错误，一般是库函数连接不成功，要检查开发环境，若对基层环境不是很熟悉，可重新新建项目来重启环境。连接正确后，单击工具面板上的❗，执行程序，转入如图 1-19 所示的运行界面。

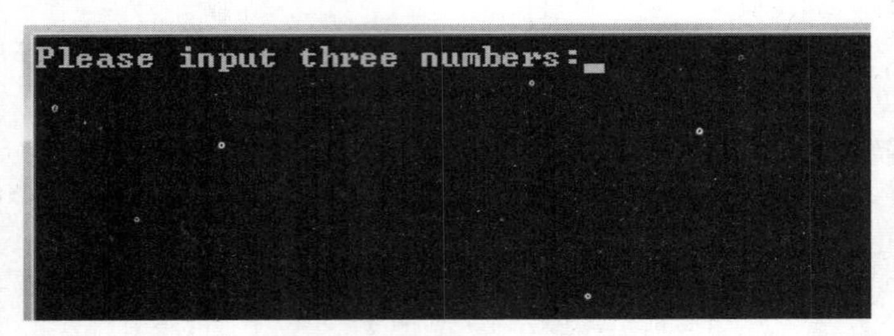

图 1-19　程序运行界面

该程序是一个典型的顺序结构流程，要得到运算结果，必须先有操作数据，界面上的提示信息是程序中的“printf("Please input three numbers:");”语句执行的结果，提示要求用户输入 3 个数据。接下来执行到“scanf("%d,%d,%d",&num1,&num2,&num3);”语句，用户在界面上输入 3 个数据，将会被分别存放在 3 个变量 num1、num2 和 num3 中。通过运行“sum=num1+num2+num3;”和“aver=sum/3.0;”语句得到和及平均值存放在变量 sum 和 aver 中。最后执行两条输出语句“printf("num1=%d,num2=%d,num3=%d\n",num1,num2,num3);”和“printf("sum=%d,aver=%7.2f\n",sum,aver);”输出运行结果，程序运行结果如图 1-20 所示。

```
Please input three numbers:6,9,15
num1=6,num2=9,num3=15
sum=30,aver=  10.00
Press any key to continue
```

图 1-20　程序运行结果图

四、实验作业

（1）用程序流程图设计算法：输入一个数 *n*，求出 *n*!。
（2）创建程序，在显示器屏幕上输出如图 1-21 所示的欢迎图案。

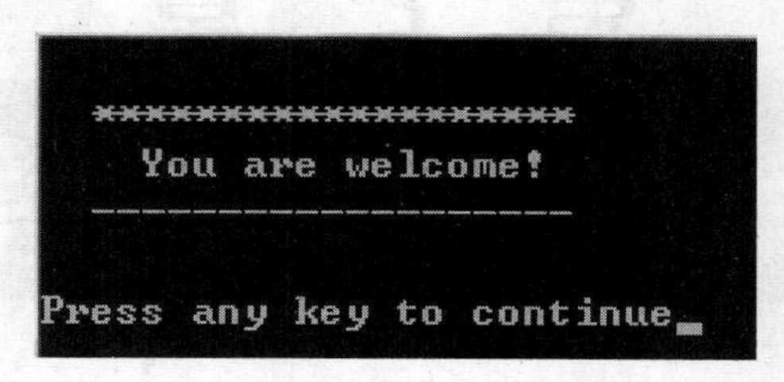

图 1-21　实验作业 2 运行界面

五、问题思考

（1）如果把 main()函数前的 void 改为 int，程序能否正常运行，若出错，如何修改？
（2）如果去掉#include <stdio.h>，程序能否正常运行，为什么？
（3）如果去掉每一个 printf 语句后的分号“;”，观察编译错误提示。
（4）如果去掉每一个 printf 语句中的“\n”，观察程序运行情况，思考“\n”的作用。

第 2 章 数据类型、运算符与表达式

本章主要介绍C语言的数据类型，包括基本数据类型、构造数据类型、指针数据类型和空数据类型，其中基本数据类型包括整型、实型、字符型、枚举类型，构造数据类型包括数组类型、结构体类型、共用体类型等。然后又介绍运算符与表达式，运算符包括算术运算符、自增、自减运算符、赋值与赋值组合运算符、关系运算符、逻辑运算符、位运算符、条件运算符、逗号运算符等，一个表达式中包括多种运算符时，有着优先级的规定。最后又介绍不同类型数据之间的转换，包括自动类型转换及强制类型转换。

实验 2　数据类型与基本运算符

一、实验学时

2 学时

二、实验目的和要求

（1）掌握常量的定义方法，即符号常量、const 常量的定义方法。
（2）掌握 C 语言的基本运算符和相应的表达式，以及运算符的优先级。
（3）掌握不同类型数据之间转换的方式，包括自动类型转换及强制类型转换。

三、实验内容与操作步骤

1．变量与常量都是程序使用数据在内存中的一个存储位置，其中变量中存储的数据在程序运行过程中是可以变化的，例如：

```
int i ;
i=3;
i=i+1;
```

其中变量 i 的值就是变化的，从刚开始赋值的 3，经过 i+1 运算再赋值后 i 中存储的值变化成了 4。

与之对应的是常量中存储的数据在程序运行过程中是不可以变化的，例如：

```
#define PI 3.1415926
```

在程序运行过程中，PI 就被定义成 3.1415926 的符号，不可以被任何方式赋值成其他值。

常量也可以用 const 来定义，与变量定义一样，例如：

```
const double PI = 3.1415926;
```

其意义是定义 PI 是个常量，其值不可以改变。

变量和常量都可以定义成各种数据类型，常用的有整型、实型和字符型。整型中又分为几种数据：有符号、无符号、长整型、短整型、整型，在这里要注意具体某种整型的取值范围。实型数据又包括单精度型（float）和双精度型（double），单精度型在内存中占 4 个字节，双精度型在内存中占 8 个字节。字符型数据在内存中占一个字节，以 ASCII 码的形式存储，与整型的存储形式相似，字符型数据与 0-255 整型数据之间可以通用。

2. C 语言的算术运算符包括以前数学中涉及的+、−、*、/，还有整数相除求余数的%，它们都是双目运算符，其中运算级高的是*、/、%，然后是+、−。

C 语言共有 6 种关系运算符：<、>、<=、>=、==和!=，= =和!=的优先级低于其他 4 种关系运算符，关系运算的结果只有 1、0 两个，表示真、假；

C 语言还有 3 种逻辑运算符：&&（逻辑与），||（逻辑或），!（逻辑非），它们的运算级别从高到低的顺序是：!、&&、||，运算结果也是只有 1 和 0；

赋值运算符具有右结合性，复合赋值运算的作用相当于“变量=变量 运算符 表达式”，例如：*x**=a+b，相当于 *x*=*x**(a+b)。即将变量与赋值符号右边的表达式的值进行相应算术运算后再赋给左边的变量。逗号运算符的求解过程是自左向右进行的，运算结果即为最右边的表达式的值；

自增++和自减——运算符为单目运算符，++在变量前面运算的原则是“变量先自增再引用”，++在变量后面的运算原则是“先引用变量再自增”，自减也同理；

条件运算符是 C 语言中唯一一个三目运算符，一般形式为：

表达式 1？表达式 2：表达式 3

如果表达式 1 的值为 1，表达式 2 的值即为运算结果，否则表达式 3 的值即为运算结果。

以上几种常用运算符的运算优先级从高到低的顺序是：!、*、/、%、+、−、<、<=、>、>=、==、!=、&&、||、？：、=、+=、−=、*=、/=、%= 。

相关的实验如下：

1.【实验内容 1】

（1）编写程序，用定义符号常量的方法进行英里与米、海里与米的换算。

思路提示：通过分析题目，我们可以使用#define 及 const 两种方法定义符号常量，因为常量在程序运行过程中不能改变值，所以可以使用在单位换算中。

源程序如下：

```
#include"stdio.h"
#define ST 1609
const int Sea= 1852;
int main()
{
   int dislong,Stlong,Sealong;

   printf("Enter the distance in statute mile:");
```

```
        scanf("%d",& Stlong);                          /*以英里为单位输入距离*/

        dislong=Stlong * ST;                           /*将英里距离换算为米*/

        printf("The distance in meter: dislong= %d\n",dislong);/*输出以米为单位的
距离*/
        printf("The distance in meter:dislong= %d\n",dislong);
        scanf("%d",& Sealong);                         /*以海里为单位输入距离*/

        dislong=Sealong * Sea;                         /*将海里距离换算为米*/

        printf("The distance in meter:dislong= %d\n",dislong); /*输出以米为单位
的距离*/

        return 0;
    }
```

程序运行结果如图 2-1 所示。

```
Enter the distance in statute mile:10
The distance in meter:dislong= 16090
Enter the distance in sea mile:100
The distance in meter:dislong= 185200
Press any key to continue
```

图 2-1　程序运行结果

本例中使用 const 和#define 来定义常量，注意 const 语句以分号结尾，而#define 语句不以分号结尾，用 const 定义常量给出了对应的内存地址，而#define 给出的是替换文本，所以 const 定义的常量在程序运行过程中只有一份拷贝，而#define 定义的常量在内存中有若干份拷贝。

（2）编写程序，求两个变量的和。

源程序如下：

```
    #include<stdio.h>
    int main(void)
    {
        float a, b, sum;

        sum = a + b;
        a = 10.0;
        b = 20.0;

        printf("%f\n", sum);

        return 0;
    }
```

程序运行结果如图 2-2 所示。

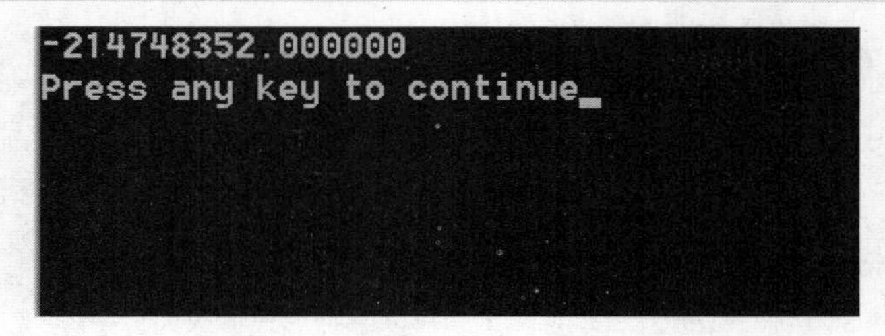

图 2-2　程序运行结果

此程序运行的结果显然不是我们设计的初衷，造成错误结果的原因是 C 语言的初学者，特别是首次接触计算机程序设计语言的初学者，很容易受代数知识的影响，误以为其中的 sum = a + b 是先建立 sum 和 a + b 之间的等量关系，然后再将 a 和 b 的值代入等式就可以得到正确的结果。而在程序设计中，变量要先定义然后赋值才能使用。这个程序中，在没有为 a 和 b 赋值的情况下就进行了 a+b 的运算，所以 sum 就得到一个错误值，虽然下面又对 a 和 b 分别进行赋值，但是输出的是 sum 的错误值。

所以对程序进行如下更改：

```
#include<stdio.h>
int main(void)
{
    float a, b, sum;

    a = 10.0;
    b = 20.0;
    sum = a + b;

    printf("%f\n", sum);

    return 0;
}
```

程序运行结果如图 2-3 所示。

图 2-3　程序运行结果

（3）编写程序，将输入的英文字母进行大小写转换。

思路提示：在 ASCII 码中，大小写字母所对应的整数值之间的差值为 32，可以利用这一特点，进行字母的大小写之间的转换，具体过程是：将大写字母转化为小写时，让其加 32；将小写字母转化为大写时，减去 32 即可。

源程序如下：

```
#include<stdio.h>
int main()
{
```

```
    char inputLC;       /*定义输入小写字母为字符型变量*/
    char outputLC;      /*定义输出小写字母为字符型变量*/
    char inputUC;       /*定义输入大写字母为字符型变量*/
    char outputUC;      /*定义输出大写字母为字符型变量*/

    printf("Please  input  a  uppercase  char:");
    scanf("%c",&inputUC);          /*以字符形式输入大写字母*/
    getchar();

    outputLC=(char)(inputUC+32); /*大写字母转化为小写字母*/

    printf("After  switch  to  lowercase,  the  char  is:");
    printf("%c\n",outputLC);       /*输出小写字母*/
    printf("%d\n",outputLC);       /*以整型格式输出outputLC*/
    printf("Please  input  a  lowercase  char:");
    scanf("%c",&inputLC);
    outputUC=(char)(inputLC-32); /*小写字母转化为大写字母*/
    printf("After  switch  to  uppercase,  the  char  is:");
    printf("%c\n",outputUC);      /*输出大写字母*/
    printf("%d\n",outputUC);      /*以整型格式输出outputUC*/

    return 0;
}
```

程序运行结果如图 2-4 所示。

```
Please  input  a  uppercase  char:A
After  switch  to  lowercase,  the  char  is:a
97
Please  input  a  lowercase  char:b
After  switch  to  uppercase,  the  char  is:B
66
Press any key to continue
```

图 2-4　程序运行结果

由此例我们可以看出，一个字母的大小写之间 ASCII 码相差 32，相邻的字母之间 ASCII 码相差 1，字符型数据可以以整型数据输出，输出的是其 ASCII 码值。

2.【实验内容 2】

（1）编写程序进行时间换算，要求输入秒，输出换算后的小时、分、秒。

思路提示：变量的命名一般采用“见名识义”，所以定义整型变量 hours、minutes、seconds，将秒转化为小时可以采用整数除法，计算结果取整数赋给 hours 变量。再用 seconds 除以 3600 求模，得到转化为小时后余下的秒数，下一步再用此余数除以 60 得到分 minutes，之后再用 seconds 除以 60 求模得到转化分后剩余的秒数。

源程序如下：

```
#include<stdio.h>
int main()
{
    int seconds,hours,minutes;

    printf("please enter the number of seconds\n");
    scanf("%d",&seconds);
    printf("%d seconds ie equal to:",seconds);

    hours=seconds/3600;
    seconds=seconds % 3600;
    minutes=seconds/60;
    seconds=seconds % 60;

    printf("%d hours %d minutes %d seconds\n",hours,minutes,seconds);

    return 0;

}
```

程序运行结果如图 2-5 所示。

```
please enter the number of seconds
3765
3765 seconds ie equal to:1 hours 2 minutes 45 seconds
Press any key to continue
```

图 2-5　程序运行结果

输入秒数为 3765，运行后得到结果为 1 小时 2 分 45 秒。

（2）自增自减运算符的使用

源程序如下：

```
#include<stdio.h>
int main()
{
    int a,b;

    scanf("%d,%d",&a,&b);       /*假设输入1，2，那么a=1,b=2*/
    printf("%d,%d\n",a++,b++);/*自增在变量后面，则先使用再自增，输出1，2后
a=2,b=3*/
    printf("%d,%d\n",a--,b--);/*自减在后，则先使用再自减，先输出2，3后a=1,b=2*/
    printf("%d,%d\n",++a,++b);/*自增在前，则先自增再使用，a=2,b=3后输出*/
    printf("%d,%d\n",--a,--b);/*自减在前，则先自减再使用，a=1,b=2后输出*/
    printf("%d,%d\n",a,b);      /*a=1,b=2*/

    return 0;
    }
```

输入“1，2”后程序运行结果如图 2-6 所示。

```
1,2
1,2
2,3
2,3
1,2
1,2
Press any key to continue
```

图 2-6　程序运行结果

（3）关系运算符的使用

源程序如下：

```
#include<stdio.h>
int main()
{
    int a,b,c;

    scanf("%d,%d",&a,&b);      /*以整数形式输入a，b值*/
    printf("%d\n",a==b);
    printf("%d\n",a>b);
    printf("%d\n",a<b);

    return 0;
}
```

输入 a、b 的值，程序运行结果如图 2-7 所示。

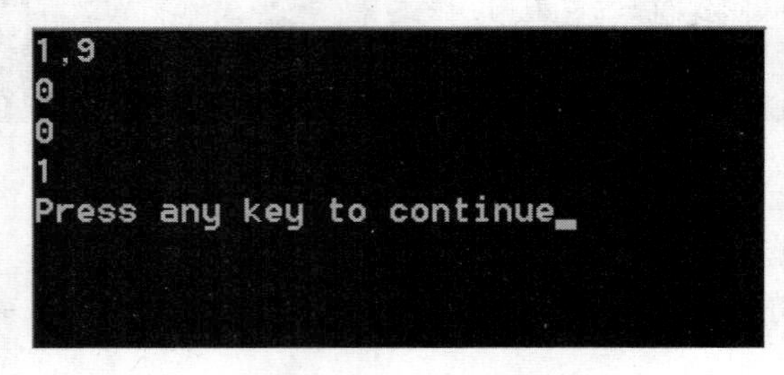

图 2-7　程序运行结果

关系运算的结果只有两个值：ture 或 false，以 1 表示 ture，以 0 表示 false，所以关系运算的结果是以整数形式表示。

（4）逻辑运算符的使用

源程序如下：

```
#include<stdio.h>
int main()
{
    int a,b,c;

    scanf("%d,%d",&a,&b);      /*以整数形式输入a，b值*/
    printf("%d\n",(a==b)&&(a>b));
    printf("%d\n",(a>=2)||(b<4));
    printf("%d\n",!a);
```

```
    return 0;
}
```

运行程序结果如图 2-8 所示。

从运行情况分析，输入 a、b 的值分别是 1 和 2，那么 a==b 的值为 0，a>b 的值为 0，0&&0 的结果为 0；a>=2 的值为 0，b<4 的值为 1，所以 0||1 的值为 1；1 的非为 0。

```
1,2
0
1
0
Press any key to continue
```

图 2-8　程序运行结果

（5）赋值运算符及混合运算表达式的使用。

源程序如下：

```
#include<stdio.h>
int main()
{
    int a,b,c;

    scanf("%d,%d",&a,&b);     /*以整数形式输入a，b值*/
    printf("%d \n",a=(b=3)); /*赋值运算从右至左*/
    printf("%d \n",a=b=7);
    printf("%d \n",a+=a);     /*a=a+a*/
    printf("%d \n",a-=a*=a); /*首先计算a=a*a,然后计算a=a-a */
    printf("%d \n",((a=a+6,a*3),a+7)) /*逗号运算*/;
    printf("%d \n",(b>a||a>3)&&a==6); /*混合运算>级别高于||,==高于&&*/

    return 0;
}
```

程序运行结果如图 2-9 所示。

图 2-9　程序运行结果

3.【实验内容 3】

（1）数据类型的自动转换。

源程序如下：

```
#include<stdio.h>
int main()
{
    int a;
    double b;
    double c=3;
    scanf("%d",&a);     /*以整数形式输入a */
    b=a/3;
    printf("%lf \n",b);
    printf("%lf \n",c);
    a=c;
    printf("%d \n",a);
    return 0;
}
```

程序运行结果如图 2-10 所示。

图 2-10　程序运行结果

（2）数据类型的强制转换。

源程序如下：

```
#include<stdio.h>
int main()
{
    int a;
    float b=3.6,c=4.5;
    float d;

    a=(int)(b+c);

    printf("%d \n",a);

    d=(float )(a);

    printf("%f \n",d);
    printf("%d \n",a);

    return 0;
}
```

程序运行结果如图 2-11 所示。

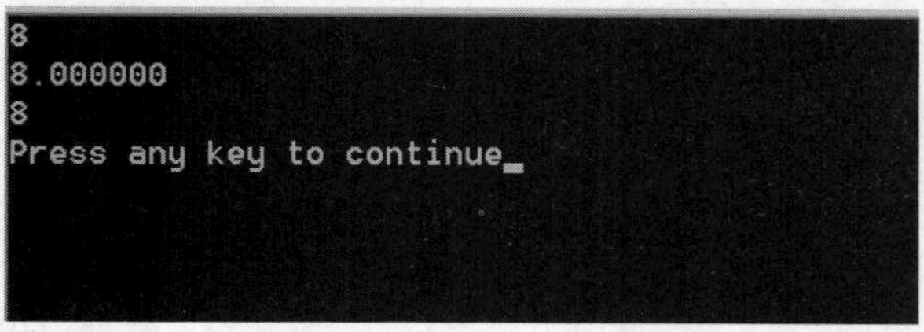

```
8
8.000000
8
Press any key to continue_
```

图 2-11 程序运行结果

从本程序及运行结果分析看，经强制转换类型后产生一个临时的、类型不同的数据，其原来的数据类型依然不变。由于类型转换占用系统时间，所以在设计程序时应尽量选择好数据类型，以减少不必要的类型转换。

四、实验报告要求

结合实验准备方案和实验过程记录，总结对变量与常量声明、数据类型及转换的认识，注意变量与常量、各种数据类型的数值范围、自动与强制类型转换的区别。

认真书写实验报告，注意自己在编译过程中出现的错误，分析原因。

第 3 章 编译预处理

编译预处理是指在系统对源程序进行编译之前，对程序中某些特殊命令行的处理，预处理程序将根据源代码中的预处理命令修改程序，使用预处理功能，可以改善程序的设计环境，提高程序的通用性、可读性、可修改性、可调试性、可移植性和方便性，易于模块化。

本章主要介绍带参数的宏和不带参数的宏的定义、宏的使用、宏的取消，文件包含等使用方法。

实验 3　编译预处理

一、实验学时

1 学时

二、实验目的和要求

（1）符号常量（不带参数）的宏定义；
（2）带参数的宏定义；
（3）文件包含的使用。

三、实验内容和操作步骤

1．符号常量（不带参数）的宏定义

用一个指定的标识符（即名字）来代表一个字符串，其一般形式为：

```
#define　标识符　字符串
```

其中：“define”为宏定义命令；“标识符”为所定义的宏名，“字符串”可以是常数、表达式、格式串等。

2．带参数的宏定义

带参宏定义的一般形式为：

```
#define 宏名(形参表) 字符串
```

其中，字符串中包含有括号中所指定的参数。

带参宏调用的一般形式为：

```
宏名(实参表);
```

3. 文件包含

文件包含是指一个源文件可以将另一个源文件的全部内容包含进来，即将另外的文件包含到本文件之中。C 语言提供了#include 命令用来实现文件包含的操作。文件包含命令行的一般形式为：

```
#include "包含文件名"
```

或

```
#include <包含文件名>
```

其中：

（1）使用双引号：包含文件名中可以包含文件路径，系统首先到当前目录下查找被包含文件，如果没找到，再到系统指定的“包含文件目录”（由用户在配置环境时设置）去查找。

（2）使用尖括号：直接到系统指定的“包含文件目录”去查找。一般来说，使用双引号比较保险。

相关的实验如下：

1.【实验内容 1】

输入圆柱体的底面半径和高，求圆柱体的体积。要求使用无参宏定义圆周率。圆周率取 3.1416，输出结果保留 2 位小数。

思路提示：在本实验中，需要用到圆柱体的底面半径 r、高 h 和体积三个变量 v。圆柱体的底面半径 r 和高 h 通过键盘输入，圆柱体的体积使用公式 $v= \Pi*r^2*h$ 求得。实验要求圆周率使用无参宏定义，即

```
#define PI 3.1416
```

源程序如下：

```
#include <stdio.h>
#define PI 3.1416

int main()
{
    double r,h,v;

    printf("Enter r:\n");
    scanf("%lf",&r);
    printf("Enter h:\n");
    scanf("%lf",&h);

    v=PI*r*r*h;

    printf("v=%.2lf\n",v);

    return 0;
}
```

程序运行结果如图 3-1 所示。

```
Enter r:
2.5
Enter h:
6.4
v=125.66
Press any key to continue
```

图 3-1 实验内容 1 运行结果图

2. 实验内容 2

有如下两个宏定义：

```
#define F(x)  x*x
#define G(x)  (x)*(x)
```

当 x 的值为 2+3 时，F(2+3)与 G(2+3)的输出结果是否相同，编程输出上述两个宏的结果，并分析原因。

思路提示：对于带参数的宏，谨记一个原则“原样替换，不做计算”即可。

该实验内容源程序如下：

```
#include <stdio.h>
#define F(x)  x*x
#define G(x)  (x)*(x)

int main()
{
    printf("F(2+3)=%d\n",F(2+3));
    printf("G(2+3)=%d\n",G(2+3));

    return 0;
}
```

本实验的运行结果如图 3-2 所示。

```
F(2+3)=11
G(2+3)=25
Press any key to continue
```

图 3-2 实验内容 2 运行结果图

分析 F(2+3)=2+3*2+3=11，而 G(2+3)=(2+3)*(2+3)=25，故 F(2+3)与 G(2+3)的输出结果不相同。

3.【实验内容 3】

有以下两个函数：

```
int  add(int  x,int  y)
{
    return (x+y);
}
```

```
int  sub(int  x,int  y)
{
    return (x-y);
}
```

将这两个函数分别放在头文件 intAdd.h 和 intSub.h 中，以供主函数调用。

思路提示：在 Visual C++6.0 中，建立头文件，选择“文件”菜单中的“新建”，在弹出的对话框中，选择“文件”标签页中的“C/C++ Header File”，如图 3-3 所示，在右侧“文件名”中填写头文件名，单击“确定”按钮弹出编辑头文件界面。因头文件是在当前文件夹中，因此使用双引号的方式，即#include "intAdd.h"和#include "intSub.h"。

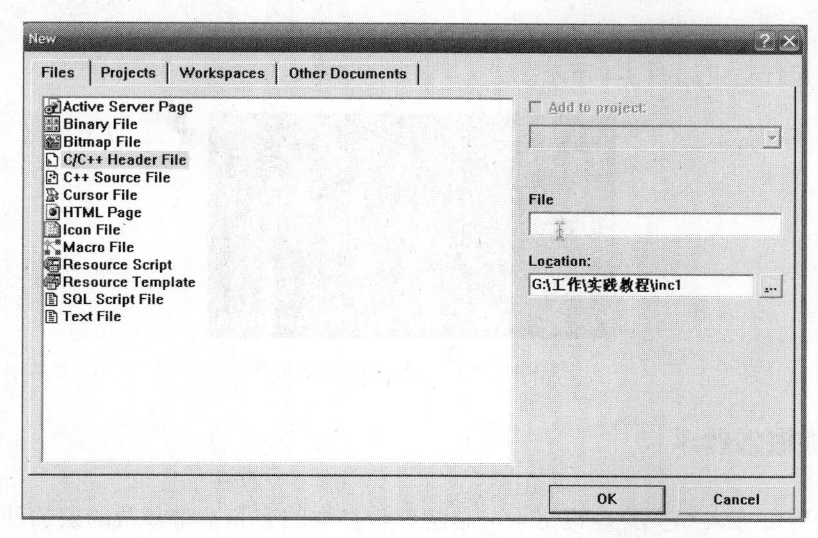

图 3-3　新建“头文件”

程序清单如下：

主函数：

```
#include <stdio.h>
#include "intAdd.h"
#include "intSub.h"

int main()
{
    int x,y;

    printf("Enter x:\n");
    scanf("%d",&x);
    printf("Enter y:\n");
    scanf("%d",&y);

    printf("%d+%d=%d\n",x,y,add(x,y));
    printf("%d-%d=%d\n",x,y,sub(x,y));

    return 0;
}
```

头文件 intAdd.h 源程序：

```
int  add(int  x,int  y)
{
    return (x+y);
}
```

头文件 intSub.h 源程序：

```
int  sub(int  x,int  y)
{
    return (x-y);
}
```

本实验的运行结果如图 3-4 所示。

```
Enter x:
35
Enter y:
14
35+14=49
35-14=21
Press any key to continue
```

图 3-4　实验内容 3 运行结果图

四、实验报告要求

结合实验准备方案和实验过程记录，总结对带参数的宏和不带参数的宏的基本使用方法，区别文件包含命令使用双引号和尖括号的不同之处。

认真书写实验报告，注意自己在编译过程中出现的错误，分析原因。

第 4 章 选择结构程序设计

选择结构可以使某一条或几条语句在流程中不被执行或被执行。本章主要介绍使用 if 语句和 switch 语句实现选择结构，其中 if 语句一般用来实现量少的分支，如果分支很多的话一般采用 switch 语句。

实验 4　选择结构程序设计

一、实验学时

2 学时

二、实验目的和要求

（1）学会正确使用逻辑运算符和逻辑表达式。
（2）熟练掌握 if 语句的使用。
（3）熟练掌握多分支选择语句 switch 语句。
（4）结合程序掌握一些简单的算法，进一步学习调试程序的方法。

三、实验内容与操作步骤

1.【实验内容 1】——单分支选择结构程序练习

单分支 if 语句的形式为：

```
if (表达式)语句;
```

执行过程如图 4-1 所示。

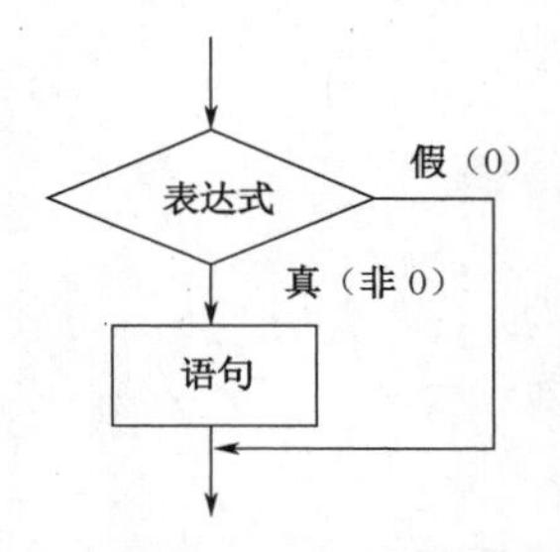

图 4-1　单分支选择结构流程图

首先判断表达式的值是否为真，若表达式的值非0，则执行其后的语句；否则不执行该语句。

注意：

① 在if语句中，if关键字后的表达式必须用()括起来，且之后不加分号。

② 条件语句在语法上仅允许每个分支中带一条语句，而实际分支里要处理的操作往往需要多条语句才能完成，这时就要把它们用{}括起来，构成复合语句来执行。

实验内容1的操作步骤如下。

（1）给一个不多于3位的正整数，要求：①求出它是几位数；②分别打印出每一位数字；③按逆序打印出各位数字，例如原数为321，应输出123。

（2）对于这个题目，要解决以下两个问题：

① 选择结构的使用。

输入的整数有三种情况：一位数、两位数与三位数，构成了三种情况，这个程序可以用多分支选择结构实现，也可以用三个单分支语句实现，此处选择了第二种方法。

② 求每一位上的数字。

此处利用了求余运算符“%”与整除运算符“/”。这种方法为经常使用的一种方法，需要熟练掌握。

（3）实现实验内容1的参考程序如下。

```
#include<stdio.h>

int main()
{
  int x,s,a,b,c;

  printf("输入一个不多于3位的正整数：");
  scanf("%d",&x);

  if(x>0&&x<=9)
  {
    s=1;
    a=x%10;
    printf("该数字是%d位数\n",s);
    printf("该数的各位数字为：%d\n",a);
    printf("该数的逆序数字为：%d\n",a);
  }
  if(x>=10&&x<=99)
  {
    s=2;
    a=x/10;
    b=x%10;
    printf("该数字是%d位数\n",s);
    printf("该数的各位数字为：%d，%d\n",a,b);
    printf("该数的逆序数字为：%d,%d\n",b,a);
  }
  if(x>=100&&x<=999)
  {
```

```
        s=3;
        a=x/100;
        b=(x%100)/10;
        c=x%10;
        printf("该数字是%d位数\n",s);
        printf("该数的各位数字为：%d，%d，%d\n",a,b,c);
        printf("该数的逆序数字为：%d,%d,%d\n",c,b,a);
      }

        return 0;
    }
```

如果输入三位数 981，则运行结果如图 4-2 所示。

```
输入一个不多于3位的正整数：981
该数字是3位数
该数的各位数字为：9，8，1
该数的逆序数字为：1,8,9
Press any key to continue
```

图 4-2　运行结果

2.【实验内容 2】——双分支选择结构程序练习

双分支 if 语句即 if-else 语句，其一般形式为：

```
    if(表达式)
      语句1;
    else
      语句2;
```

当复合语句中有不止一条语句的时写成如下格式：

```
    if (表达式1)
    {
      语句1;
    }
    else
    {
      语句2;
    }
```

执行过程如图 4-3 所示。首先计算表达式的值，如果表达式的值为非 0 即真(True)，则执行语句 1（不再执行语句 2）；如果表达式的值为 0 即假(False)，则执行语句 2（不再执行语句 1）；然后程序继续往下执行。

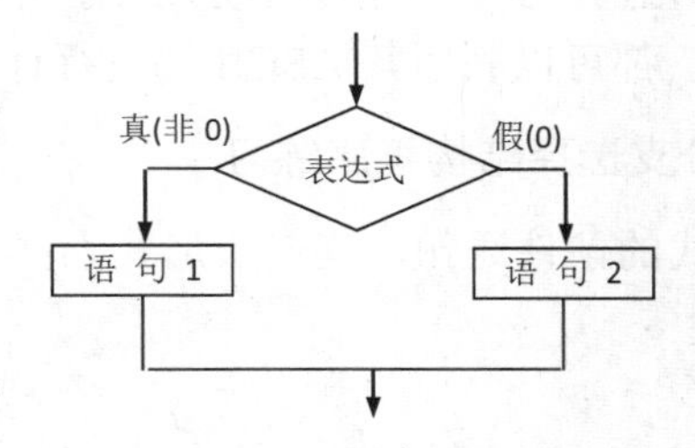

图 4-3　双分支结构流程图

注意：

① if 后面紧跟括号（），它们之间没有空格；

② 表达式只要是非 0 就表示条件成立，如果为 0 就表是条件不成立。

③ 语句 1 或语句 2 不带花括号的时候，if 或 else 只对其后一条语句起作用。

实验内容 2 的操作步骤如下：

（1）将小写字母转换为大写字母。

（2）分析：用 scanf 函数输入小写字母 c，首先判断它是不是小写字母，如果是就利用大小写字母的 ASCII 码值相差 32，来进行转换，将其转换成大写字母；如果不是就原样不变。

（3）运行程序，输入小写字母，输出大写字母。

参考程序如下：

```
#include <stdio.h>

int main( )
{
      char c;

      printf("Input :");
      scanf("%c",&c);

      if (c>='a' && c<='z')
        c=c-32;
      else
        c=c;

      printf("%c\n",c);

     return 0;
}
```

如果输入小写字母' i'，运行结果如下图 4-4 所示。

```
Input :i
I
Press any key to continue_
```

图 4-4　程序运行结果

此题中我们利用 ASCII 码值进行小写字母转换成大写字母，类似的还有大写变小写，字母' 1'、' 2'，转换成数字 1、2 等，都可以利用其 ASCII 码进行计算，我们需要理解并熟练掌握。

3.【实验内容 3】——多分支选择结构程序练习

多分支 if 语句即 else-if 形式的条件语句，其一般形式为：

```
if (表达式1)     语句1;
else if(表达式2) 语句2;
    …
else if(表达式n) 语句n;
```

```
    else            语句n+1;
```

其执行过程如图 4-5 所示：依次判断条件表达式的值，当出现某个值为真时，则执行其对应的语句，然后跳出整个 if 结构继续执行程序；如果所有的表达式均为假，则执行语句 n+1，然后继续执行后续程序。

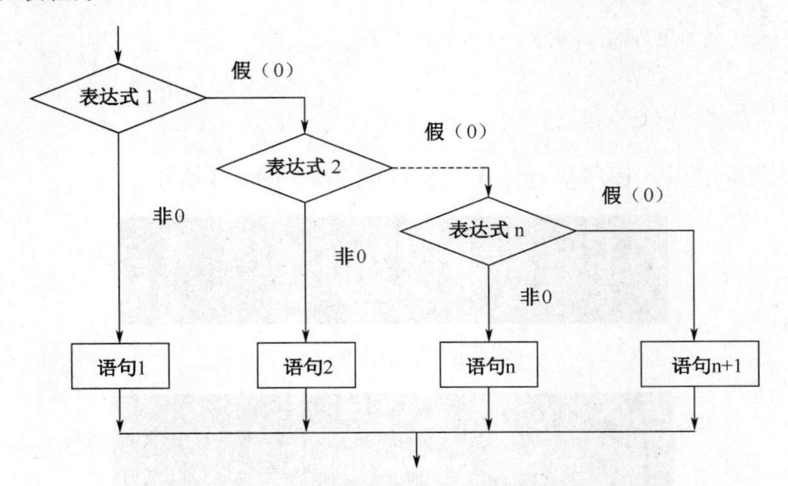

图 4-5　多分支选择结构流程图

实验内容 3 的操作步骤如下。

（1）分段函数的求值，分段函数如下：

$$y=\begin{cases} x & (x<1) \\ 2x-1 & (1\leqslant x<10) \\ 3x-11 & x\geqslant 10 \end{cases}$$

（2）分析：用 scanf 函数输入 x 的值，求 y 值。因为 x 有三种情况对应不同的求函数值公式，可采用 else-if 分支结构来实现这个程序。

（3）运行程序，输入 x 的值（分别为 $x<1$、$1\leqslant x<10$、$x\geqslant 10$ 这 3 种情况），检查输出的 y 值是否正确。

参考程序如下：

```
#include<stdio.h>
int main()
{
    int x,y;

    printf("输入x:");
    scanf("%d",&x);
    if(x<1)
    {
        y=x;
        printf("x=%d,y=x=%d\n",x,y);
    }
    else if(x<10)
    {
        y=2*x-1;
```

```
            printf("x=%d,y=2*x-1=%d\n",x,y);
        }
        else
        {
            y=3*x-11;
            printf("x=%d,y=3*x-11=%d\n",x,y);
        }
        return 0;
    }
```

运行时输入不同的 x，程序执行结果分别如图 4-6～图 4-8 所示。

```
输入x:4
x=4,y=2*x-1=7
Press any key to continue
```

图 4-6　运行结果（1）

```
输入x:-1
x=-1,y=x=-1
Press any key to continue
```

图 4-7　运行结果（2）

```
输入x:20
x=20,y=3*x-11=49
Press any key to continue
```

图 4-8　运行结果（3）

4.【实验内容 4】——双精度类型数据的比较与多分支选择结构的练习

当有多个分支选择时，除了可以使用 else-if 结构，还可以采用嵌套结构。

当 if 语句的执行语句又是 if 语句时，就构成了 if 语句的嵌套。

if 语句中的执行语句又是 if-else 型的，这时将会出现多个 if 和多个 else 使用的情况，这时要特别注意 if 和 else 的配对问题。

C 语言规定：在缺省花括号的情况下，else 总是与它上面最近的并且没有和其他 else 配对的 if 配对。

学习时不要被分支嵌套所迷惑，只要掌握 else 与 if 配对规则，依次匹配 if 与 else，弄清各分支所要执行的功能，嵌套结构也就不难理解了。

此外，为了保证嵌套的层次分明和对应正确，不要省略掉‘{’和‘}’，另外在书写时尽量采取分层递进式的书写格式，内层的语句往右缩进几个字符（一般为 4 个），使层次清晰，有助于增加程序的可读性。

实验内容 4 的操作步骤如下。

（1）求一元二次方程 $ax^2+bx+c=0$ 方程的解。

（2）分析：本题需解决以下两个问题。

① 判断 delta 是否为 0 的方法。

由于实数在计算机中存储时，会有一些微小误差，比如下面两个程序：

程序 1：

```
#include <stdio.h>

int main()
{
    float a;

    a=1.01;
    if(a==1.01)
    printf("ok\n");

    return 0;
}
```

程序运行结果如图 4-9 所示。

```
Press any key to continue
```

图 4-9　运行结果

程序 2：

```
#include <stdio.h>
#include <math.h>

int main()
{
    float a=1.01;

    if(fabs(a-1.01)<=0.00001)
      printf("a==1.01\n");

    return 0;
}
```

程序运行结果如图 4-8 所示。

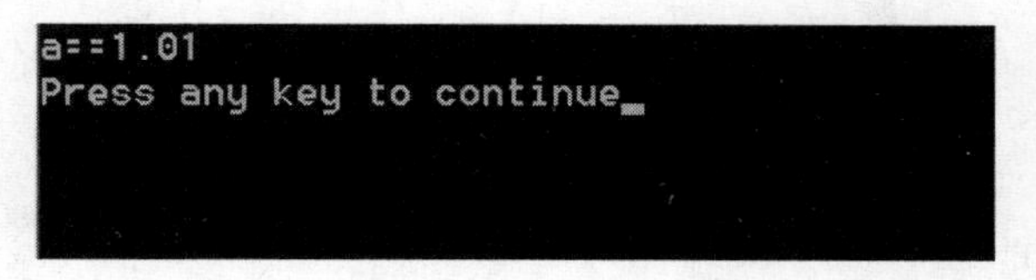

图 4-10　运行结果

分析两段程序的运行结果，发现浮点数不能精确判定是否相等，只能在一定范围内判定值大概相等。

根据上述分析，本题判断 delta 是否为 0 的方法是：判断 delta 的绝对值是否小于一个很小的数（例如 10^{-6}），即 fabs(delta)<=1e-6。

② 多分支选择结构多的实现。

本题求解有以下 4 种情况：

- a=0，不是二次方程；

- a≠0 且 delta=0，有两个相等实根；
- a≠0 且 delta>0，有两个不等实根；
- a≠0 且 delta<0 ，有两个共轭复根。

可以采用 if 语句的嵌套结构：

先分为 a=0 与 a≠0 两种情况；

a≠0 时嵌套了 delta 等于零和不等于零两种情况；

其中 delta 不等于 0 的情况中又嵌套了大于 0 和小于 0 两种情况。

（3）实现实验内容 3 的程序如下。

```
#include  <math.h>
#include  <stdio.h>

int main()
{
    float a,b,c,delta,x1,x2,p,q;

    printf("input a,b,c:");
    scanf("%f,%f,%f", &a, &b, &c);
    if(a==0)
      printf("a value cannot be equal to 0\n");
    else
    {
        delta=b*b-4*a*c;
        if (fabs(delta)<=1e-6)                          /*比较deta与0是否相等*/
          printf("x1=x2=%7.2f\n", -b/(2*a));      /*输出两个相等的实根*/
        else
        {
          if (delta>1e-6)                               /*求出两个不相等的实根*/
          {
             x1=(-b+sqrt(delta))/(2*a);
             x2=(-b-sqrt(delta))/(2*a);
             printf("x1=%7.2f,x2=%7.2f\n", x1, x2);
          }
          else                                          /*求出两个共轭复根*/
          {
             p=-b/(2*a);
             q=sqrt(fabs(delta))/(2*a);
             printf("x1=%7.2f + %7.2f i\n", p, q);
             printf("x2=%7.2f - %7.2f i\n", p, q);
          }
        }
    }

    return 0;
}
```

程序运行结果如图 4-11 所示。

```
input a,b,c:1,5,4
x1=  -1.00,x2=  -4.00
Press any key to continue
```

图 4-11　运行结果

5.【实验内容 5】——switch 语句的练习

编程时思维严谨性的练习。

switch 语句能够根据表达式的值（多于两个）来执行不同的语句。

switch 语句一般与 break 语句配合使用。其一般形式为：

```
switch(表达式)
{
        case常量表达式1:  语句1;
        case常量表达式2:  语句2;
        …
        case常量表达式n:  语句n;
        default        :  语句n+1;
}
```

其执行过程是：计算 switch 后面表达式的值，逐个与其后的 case 常量表达式的值相比较，当表达式的值与某个常量表达式的值相等时，即执行其后的语句，然后不再进行判断，继续执行后面所有 case 后的语句。如表达式的值与所有 case 后的常量表达式均不相同时，则执行 default 后的语句。

实验内容 5 的操作步骤如下。

（1）给出一个百分制成绩，要求输出成绩等级 A，B，C，D，E。90 分以上为 A，81～89 分为 B，70～79 分为 C，60 分～69 分为 D，60 分以下为 E。

要求如下：

① 只考虑成绩在 0～100 分之间，用 switch 语句来实现程序，并检查结果是否正确。

② 如果输入分数为负值，如-50 分，再运行一次程序，这时显然出错，修改程序，使之能正确处理任何数据，当输入数据大于 100 和小于 0 时，提示用户“输入的数据超范围，重新输入 0～100 分内成绩”。

（2）实现实验内容 4 的具体程序如下。

```
#include<stdio.h>

int main()
{
   float score;
   char grade;

   scanf("%f",&score);
   printf("请输入学生成绩：");

   switch((int)(score/10))
   {
       case 10:
       case 9:grade='A';break;
```

```
            case 8:grade='B';break;
            case 7:grade='C';break;
            case 6:grade='D';break;
            case 5:
            case 4:
            case 3:
            case 2:
            case 1:
            case 0:grade='E';break;
        }
        printf("成绩是%5.1f,相应的等级是%c\n",score,grade);

        return 0;
    }
```

运行时分别输入分数 91.5 与 58，运行结果如图 4-12 和图 4-13 所示。

```
91.5
请输入学生成绩：成绩是 91.5,相应的等级是A
Press any key to continue
```

图 4-12　运行结果（1）

```
58
请输入学生成绩:成绩是 58.0,相应的等级是E
Press any key to continue
```

图 4-13　运行结果（2）

（3）修改程序，如果输入数据出错应如何处理，使之更严谨。

此处使用了 while 语句，它为循环语句，当输入数据错误时，此循环无法结束，只有输入正确范围内的值，才会结束循环，往下执行。

```
#include<stdio.h>

int main()
{
    float score;
    char grade;

    printf("请输入学生成绩：");
    scanf("%f",&score);

    while(score>100||score<0)
    {
      printf("\n输入的数据超范围，重新输入0~100分内成绩");
      printf("请输入学生成绩：");
      scanf("%f",&score);
    }
    switch((int)(score/10))
    {
```

```
        case 10:
        case 9:grade='A';break;
        case 8:grade='B';break;
        case 7:grade='C';break;
        case 6:grade='D';break;
        case 5:
        case 4:
        case 3:
        case 2:
        case 1:
        case 0:grade='E';break;
    }
    printf("成绩是%5.1f,相应的等级是%c\n",score,grade);

    return 0;
}
```

注意：switch 语句允许多情况执行相同的语句。例如 5，4，3，2，1，0 均执行 grade='E'; 可以写成:

```
case 5:  case 4:  case 3:  case 2:  case 1: case 0: grade='E';
```

但不能写成：

```
case 5, 4, 3, 2, 1, 0: grade='E';
```

也不能写成：

```
case 5, case 4, case 3,case2, case 1,case 0: grade='E';
```

四、思考操作内容

（1）实验内容 4 中使用了 switch 语句将分数转化为等级，试将其改编为 if 语句实现。

（2）实验内容 4 中使用了循环语句 while 保证输入数据错误时用户及时改正，如果使用 if 语句修改此处，怎样改？会怎样？

（3）编程实现输入 4 个整数，按由小到大顺序输出。在得到正确结果后，修改程序使之按由大到小顺序输出。

五、实验报告要求

结合实验准备方案和实验过程记录，总结对选择结构的基本认识和使用选择结构的应用要点。

第5章 循环控制语句

循环结构是C程序设计中一种很重要的结构，其特点是：在给定条件成立时，反复执行某程序段，直到条件不成立为止。给定的条件称为循环条件，反复执行的程序段称为循环体。本章实验将用While语句、For语句、Do语句几种循环结构设计程序。

实验5　While语句

一、实验学时

1学时

二、实验目的和要求

（1）理解循环结构程序段中语句的执行过程；
（2）掌握用while语句实现循环的方法；
（3）掌握如何正确地设定循环条件，以及如何控制循环的次数。

三、实验内容和操作步骤

while循环的一般形式为:

```
        while   (条件)
                语句;
```

该语句用来实现“当型”循环结构，其执行过程是：首先判断条件的真伪，当值为真（非0）时执行其后跟的语句，每执行完一次语句后，再次判断条件的真伪，以决定是否再次执行语句部分，直到条件为假时才结束循环，并继续执行循环程序外的后续语句。这里的语句部分称为循环体，它可以是一条单独的语句，也可以是复合语句。While 语句的逻辑结构如图 5-1 所示。

在使用while语句编写程序时需要注意以下几点：
（1）在while循环体内允许空语句。

例如：

```
while((c=getche())!='\X0D');
```

在该例子中并没有出现执行语句部分，运行时不断地判断条件，直到键入回车为止。

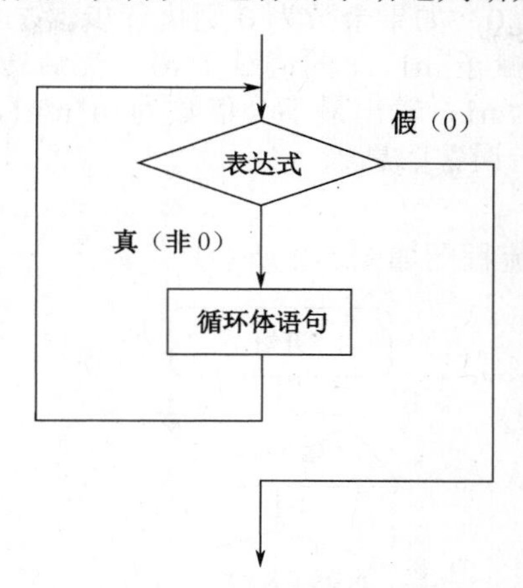

图 5-1　while 循环结构图

（2）语句可以是语句体，此时必须用“{”和“}”括起来。

```
While(条件)
{
    语句1;
    语句2;
    ......
}
```

（3）可以有多层循环嵌套。

例如：

```
while(条件1)
{
    语句;
     ......
     While（条件2）
     {
         语句;
          ......
     }
}
```

相关的实验如下：

1.【实验内容 1】

输入两个数 *m* 和 *n*，求它们的最大公约数和最小公倍数。

分析：求取最大公约数和最小公倍数是经典的 C 语言问题，求最大公约数一般采用辗转相除法来解决，最小公倍数可用（m*n/最大公约数）求得。

算法描述：

步骤 1：将两个正整数分别存放到变量 m 和 n 中。

步骤 2：判断 m 和 n 是否是正整数，若是执行步骤 3，否则执行步骤 8。

步骤 3：分别将 m 和 n 赋给变量 m1 和 n1，m1 和 n1 用辗转相除法求取最大公约数，m 和 n 保留原值，为最后求取最小公倍数所用。

步骤 4：求余数：将 m1 除以 n1，所得到的余数存放到变量 r 中。

步骤 5：判断余数 r 是否为 0，如果余数为 0 则执行步骤 7，否则执行步骤 6。

步骤 6：辗转：将 n1 的值赋予 m1，r 的值赋予 n1，然后转向执行步骤 4。

步骤 7：输出最大公约数为 n1，输出最小公倍数为 m*n/n1，转步骤 9 执行。

步骤 8：输出“数据输入错误”信息。

步骤 9：算法结束。

根据算法描述，设计程序流程图如图 5-2 所示。

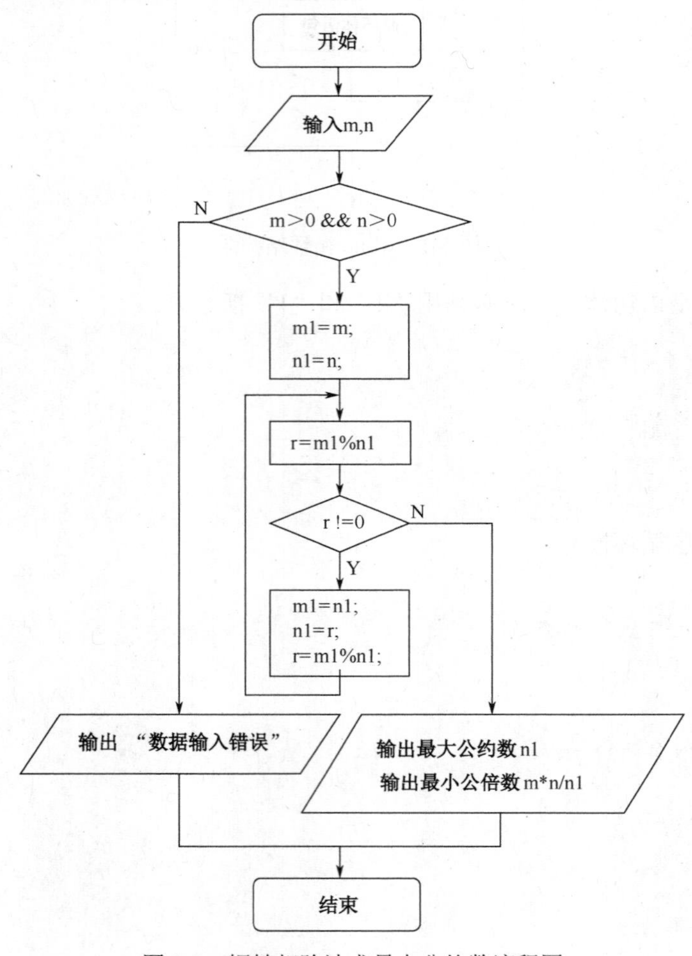

图 5-2　辗转相除法求最大公约数流程图

参考程序：

```
#include <stdio.h>

int main()
{
    int m, n;
    int m1, n1, r;      //分别表示被除数，除数以及余数
```

```
        printf("Enter two integer:\n");
        scanf("%d %d", &m, &n);

        if (m > 0 && n >0) //设置条件判断是否输入数据错误
        {
            m1 = m;
            n1 = n;
            r = m1 % n1;
            while (r != 0) //判断余数是否为0，以确定是否结束循环
            {
                m1 = n1;      //辗转相除
                n1 = r;
                r = m1 % n1;
            }

            printf("最大公约数是: %d\n", n1);
            printf("最小公倍数是: %d\n", m * n / n1);
        }
        else printf("Error!\n");

        return 0;
    }
```

输入如上参考程序，编译运行结果如图 5-3 所示。

```
Enter two integer:
15 85
最大公约数是: 5
最小公倍数是: 255
Press any key to continue
```

图 5-3　输入值为 15 和 85 的运行结果

如果按照输入格式正确输入参与运算的两个数据，一般能正确运行得到结果，如果在输入时格式不符合要求，比如两个操作数中间用“,”间隔，或者输入数据中存在负数，则出现错误提示，如图 5-4 所示。

```
Enter two integer:
452,26
Error!
Press any key to continue
```

图 5-4　输入时格式错误的运行结果

2.【实验内容 2】

猴子吃桃问题：猴子第一天摘下若干个桃子，当即吃了一半，不过瘾，又多吃了一个，第二天早上又将剩下的桃子吃掉一半，又多吃了一个，以后每天早上都吃了前一天剩下的一半零一个，到第 10 天早上想再吃时，见只剩下一个桃子了。求第一天共摘了多少？

分析：在该问题中，已知第 9 天时剩余一个桃子，因此可以倒退求解出第一天共有多少桃

子。由于每一天桃子的数量都按照一定的规则变化，所以在计算的同时要对天数进行计数，考虑使用 while 循环结构解决。

设置变量 x1 和 x2，并设置 x2 的初始值为 1，表示第 9 天时剩余的数量，此时 x1 表示前一天即第 8 天的桃子数量，因为第一天的桃子数是第 2 天桃子数加 1 后的 2 倍，则使用表达式 (x2+1)*2 对 x1 进行赋值，并根据天数设置循环条件，最终求取到结果。

根据算法分析，设计程序流程图如图 5-5 所示。

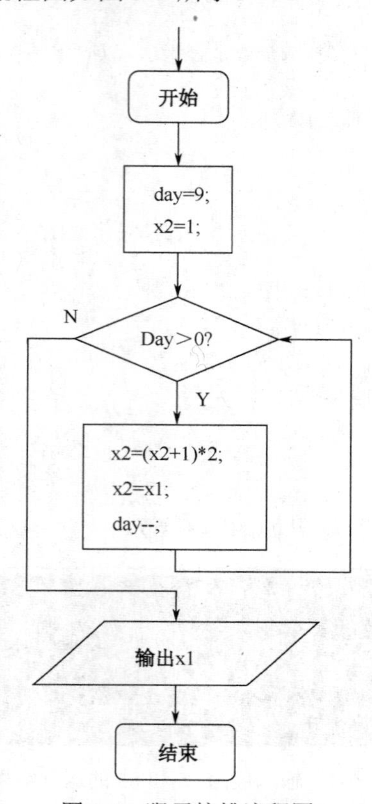

图 5-5　猴子摘桃流程图

参考程序：

```
#include <stdio.h>

int main()
{
    int day,x1,x2; //分别代表天数，前一天的桃子数量及当天的桃子数量

    day=9;
    x2=1;              //第9天时桃子数量为1
    while(day>0)
    {/*第一天的桃子数是第2天桃子数加1后的2倍*/
        x1=(x2+1)*2;
        x2=x1;
        day--;
    }
```

```
    printf("the total is %d\n",x1);

    return 0;
}
```

程序运行结果如图 5-6 所示。

```
the total is 1534
Press any key to continue
```

图 5-6　运行结果图

实验 6　For 语句

一、实验学时

1 学时

二、实验目的和要求

（1）理解 for 循环结构的执行过程；
（2）掌握用 for 语句实现循环的方法；
（3）掌握如何正确地设定循环条件，以及如何控制循环的次数。

三、实验内容和操作步骤

for 语句是 C 语言所提供的功能更强，使用更广泛的一种循环语句。其一般形式为：

```
for(表达式1; 表达式2; 表达3)
    语句;
```

在该结构中各个参数的作用如下：

表达式 1：通常用来给循环变量赋初值，一般是赋值表达式。也允许在 for 语句外给循环变量赋初值，此时可以省略该表达式。

表达式 2：通常是循环条件，一般为关系表达式或逻辑表达式。

表达式 3：通常可用来修改循环变量的值，一般是赋值语句。

这 3 个表达式都可以是逗号表达式，即每个表达式都可由多个表达式组成。三个表达式都是任选项，都可以省略。该语句的执行过程如下：

（1）首先计算表达式 1 的值；
（2）计算表达式 2 的值，若值为真（非 0）则执行循环体，否则跳出循环；
（3）循环体执行完毕，计算表达式 3 的值，转回第（2）步重复执行。

在整个 for 循环过程中，表达式 1 只计算一次，表达式 2 和表达式 3 则可能计算多次。循环体可能多次执行，也可能一次都不执行，执行过程如图 5-7 所示。

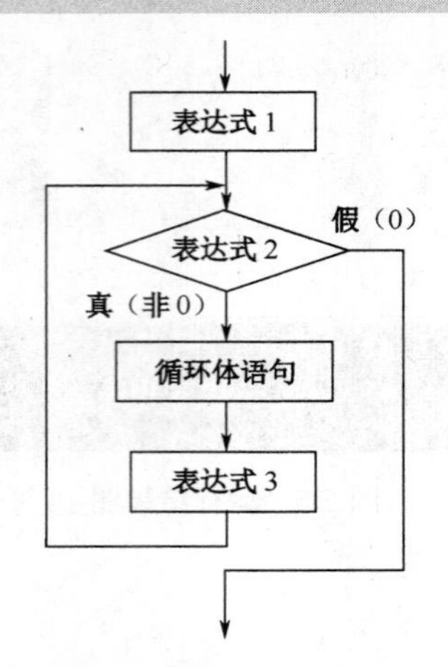

图 5-7　for 循环执行结构示意图

相关的实验如下：

1．实验内容 1

输入 n 值，输出如下图所示高为 n 的等腰三角形。

```
          *
        * * *
      * * * * *
    * * * * * * *
  * * * * * * * * *
* * * * * * * * * * *
```

n=6 时的等腰三角形

分析：题目要求输出等腰三角形，首先观察图形发现规律：每行“*”前的空格数量恰好为所在行数减去 1，每行中“*”的个数都是奇数且数量逐行增加，其数目恰好为所在行 i 的 2 倍减去 1，知道该规律，就可以设计循环编写程序。

因为要求程序运行时首先输入等腰三角形行数，所以使用 scanf()函数将行数存储在变量 n 中。外层循环从 1 到 n 控制输出行数，内层循环需要 2 个，分别控制空格数目和“*”数目；控制空格时循环变量从 1 到 n-i，符合观察空格时的规律，控制“*”时循环变量从 1 到 2*i-1，同样符合“*”输出的规律。

根据算法分析，设计程序流程图如图 5-8 所示，其中图中的“-”表示空格

参考程序：

```
#include <stdio.h>

int main()
{
    int i,j,n;

    printf("\nPlease Enter n:");
    scanf("%d",&n);

    for(i=1;i<=n;i++)
        {
            for(j=1;j<=n-i;j++)
                printf("  ");         //双引号中是2个空格
            for(j=1;j<=2*i-1;j++)
                printf("* ");
```

```
            printf("\n");
        }

    return 0;
}
```

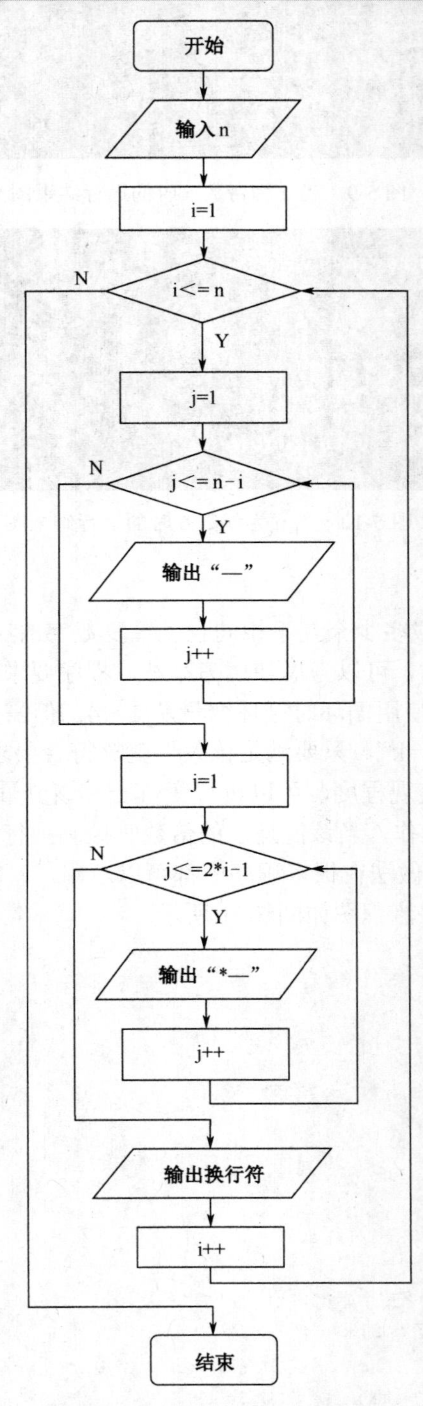

图 5-8　实验内容 1 流程图

程序运行结果如图 5-9 和图 5-10 所示。

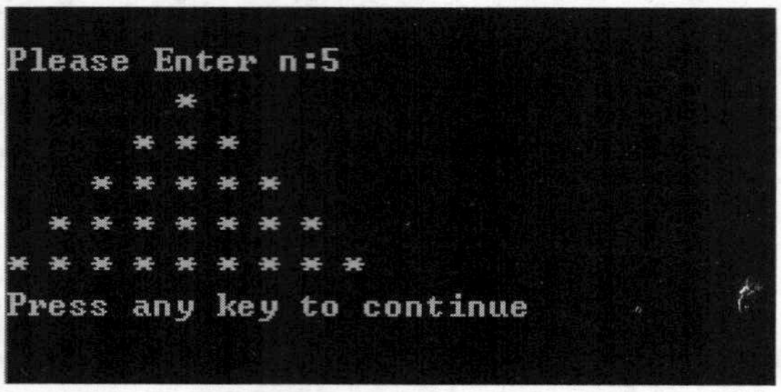

```
Please Enter n:5
    *
   * * *
  * * * * *
 * * * * * * *
* * * * * * * * *
Press any key to continue
```

图 5-9　当 n 为奇数 5 时的运行结果图

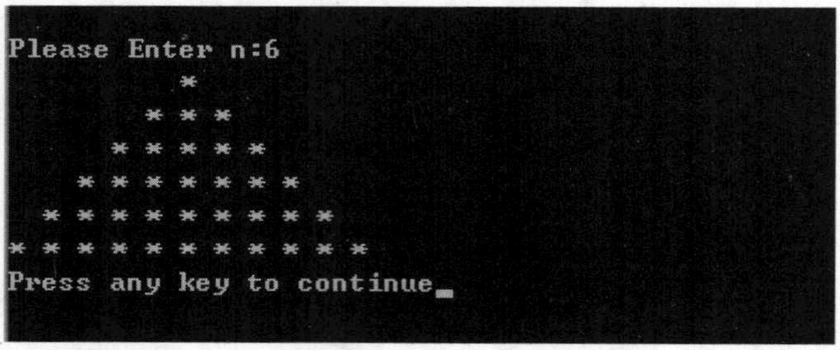

```
Please Enter n:6
     *
    * * *
   * * * * *
  * * * * * * *
 * * * * * * * * *
* * * * * * * * * * *
Press any key to continue
```

图 5-10　当 n 为偶数 6 时的运行结果图

2.【实验内容 2】

数字 1、2、3、4，能组成多少个互不相同且无重复数字的三位数？请打印输出。

分析：对该类问题求解时，可以考虑使用穷举法。程序要求得到 3 位数，而每位可取的值是 1～4 中的任何一个，所以使用循环时循环变量从 1～4，但需要控制的是无重复出现，所以控制条件为“i!=k&&i!=j&&j!=k”，只要满足该条件就算符合要求。

为了控制输出结果时的美观程度，可以设置变量 m，该变量初始值为 0，每找到一个满足要求的结果，该值进行自加操作，当该值是 5 的倍数时控制换行，这样做就可以控制每行输出 5 个结果，视觉效果更好，该做法在很多程序中都可以应用。

根据算法分析，设计程序流程图如图 5-11 所示。

参考程序：

```
#include <stdio.h>

int main()
{
    int i,j,k,m=0;

    printf("\n");

    for (i=1;i<5;i++)
        for (j=1;j<5;j++)
            for (k=1;k<5;k++)
            {
                if (i!=k&&i!=j&&j!=k)
                {
```

```
                printf("%d,%d,%d",i,j,k);
                printf("\t");
                m++;
                if (m%5==0) printf("\n");
            }
        }

    printf("\n");

    return 0;
}
```

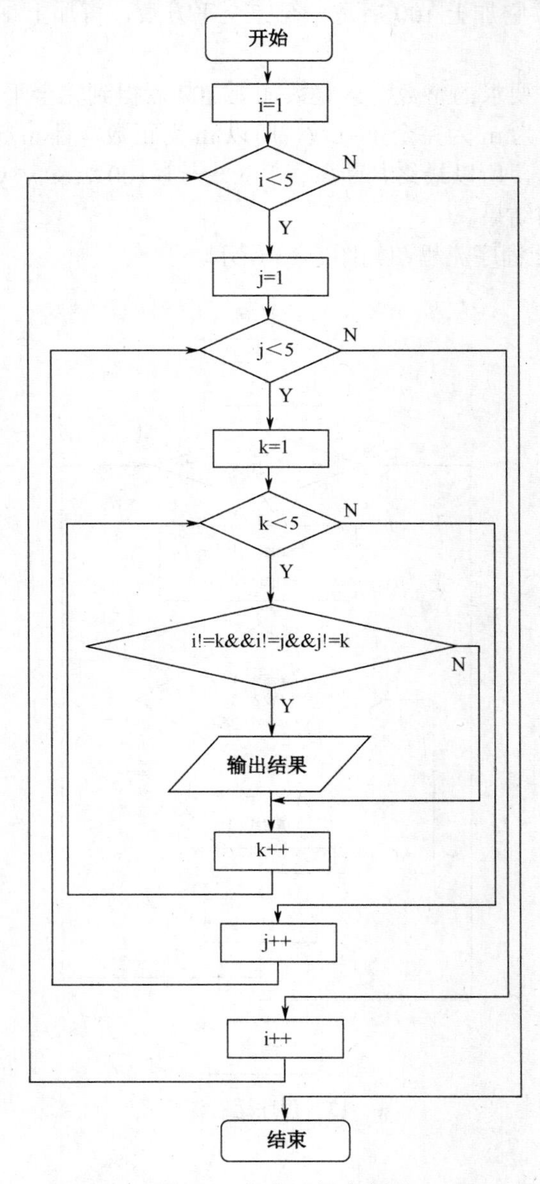

图 5-11　程序运行流程图

程序运行结果如图 5-12 所示。

```
1,2,3   1,2,4   1,3,2   1,3,4   1,4,2
1,4,3   2,1,3   2,1,4   2,3,1   2,3,4
2,4,1   2,4,3   3,1,2   3,1,4   3,2,1
3,2,4   3,4,1   3,4,2   4,1,2   4,1,3
4,2,1   4,2,3   4,3,1   4,3,2
Press any key to continue
```

图 5-12　程序运行结果图

3.【实验内容 3】

求 10000 内的整数，它加上 100 后是一个完全平方数，再加上 168 又是一个完全平方数，求出该数并输出？

分析：假定 i 为题目要求的整数，该整数加上 100 后得到完全平方数 m，再加 168 后得到另一个完全平方数 n。因为 m 为完全平方数，所以 m 为正数，且 m=x*x；y 为正整数；同样的道理 n 为正数，且 n=y*y，所以最终判断条件为 x*x==i+100 && y*y==i+268 是否为真，如果为真，表明 i 就是所求的结果。

根据算法分析，设计程序流程图如图 5-13 所示。

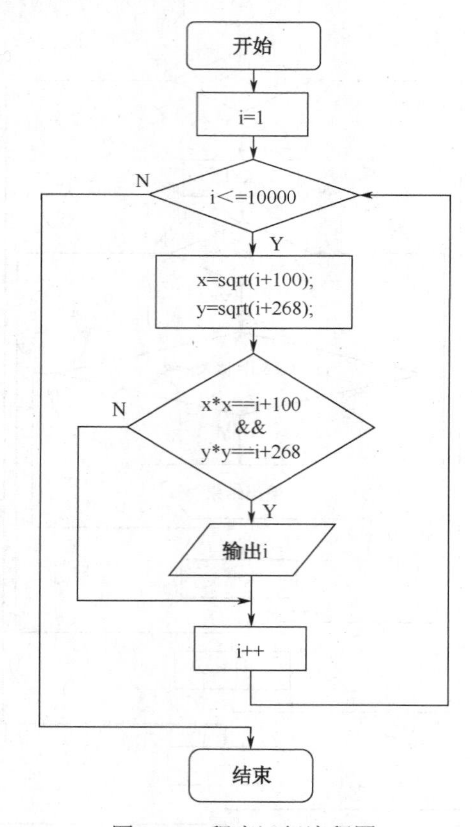

图 5-13　程序运行流程图

参考程序：

```
#include <stdio.h>
#include <math.h>
```

```
int main()
{
    long int i,x,y;

    for (i=1;i<10000;i++)
    {
        x=sqrt(i+100);      //x为加上100后开方后的结果
        y=sqrt(i+268);      //y为再加上168后开方后的结果
        /*如果一个数的平方根的平方等于该数，这说明此数是完全平方数*/
        if (x*x==i+100 && y*y==i+268)
            printf("\n%ld\n",i);
    }

    return 0;
}
```

程序运行结果如图 5-14 所示。

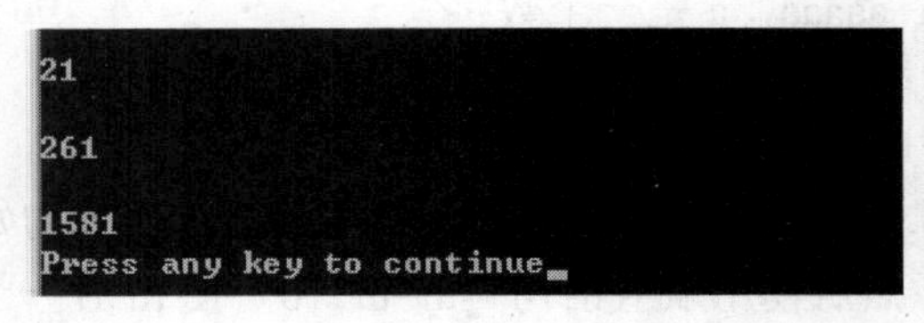

图 5-14　程序运行结果图

实验 7　do…while 语句

一、实验学时

1 学时

二、实验目的和要求

（1）理解循环结构程序段中语句的执行过程；
（2）掌握用 do…while 语句实现循环的方法；
（3）掌握如何正确地设定循环条件，以及如何控制循环的次数。

三、实验内容和操作步骤

do-while 循环的一般格式为:

```
do
    语句;
while(条件);
```

该结构实现“直到型”循环结构，如图 5-15 所示。与 while 循环的不同在于：它先执行循环中的语句，然后再判断条件是否为真，如果为真则继续循环；如果为假，则终止循环。因此，do-while 循环至少要执行一次循环语句。同样当有许多语句参加循环时，要用"{"和"}"把它们括起来。

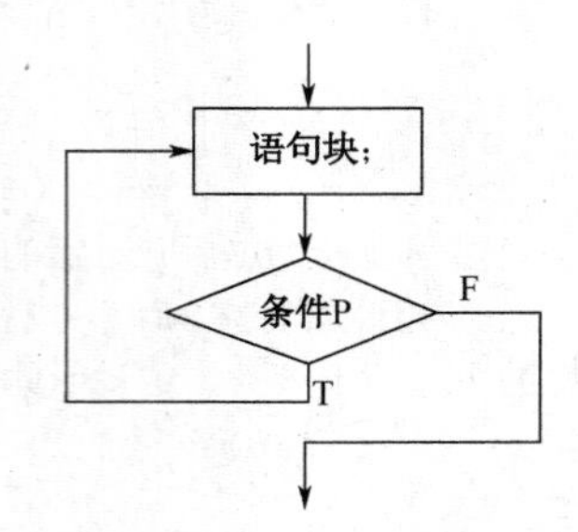

图 5-15　do…while 循环结构图

相关的实验如下：

1.【实验内容 1】

求 Sn=a+aa+aaa+aaaa+aaaaa，a 是一个数字。

分析：观察该题目要求，发现待求和的数据存在一定的规律性，只要能拼合出一系列符合该规律的数据，进行合计运算即可。

为实现拼合数据的要求，设置变量 tn，存储第 n 项值，设置初始值为 0。首先将用户输入的整数 a 与 tn 相加求和，然后使用赋值语句“tn=tn*10”使 tn 升一个数量级再与 a 相加求和，这样依次可以求得第 n 项值 tn。设置变量 sn，存储和值。设置计数器变量 count，执行 do…while 循环时判断 count 是否计算到了 5 位数字。

根据算法分析，设计程序流程图如图 5-16 所示。

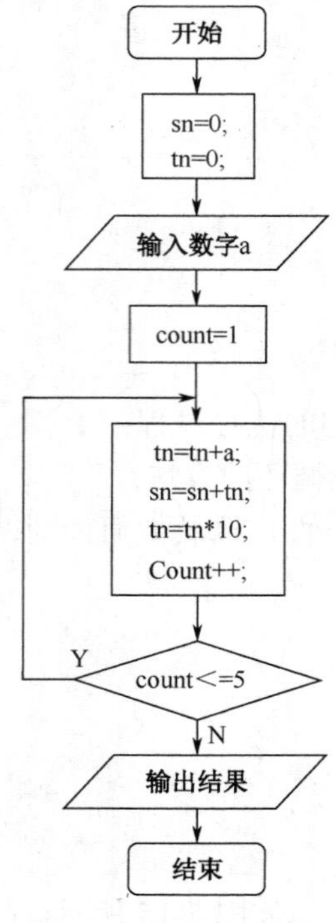

图 5-16　程序流程图

参考程序：

```
#include <stdio.h>

int main()
{
    int a,count=1;
    long int sn=0,tn=0;

    printf("please input a number(1~9):");
    scanf("%d",&a);

    do
    {
        tn=tn+a;
        sn=sn+tn;
        tn=tn*10;
        ++count;
    }
    while (count<=5);

    printf("a+aa+...=%ld\n",sn);

    return 0;
}
```

程序运行结果如图 5-17 所示。

```
please input a number(1~9):6
a+aa+...=74070
Press any key to continue
```

图 5-17　程序运行结果图

2.【实验内容 2】

编写程序，输入三角形的三条边长，求其面积。要求检查三条边是否满足构成三角形的条件，如不能，给出错误提示。

分析：求三角形面积是一个非常简单的题目，但由于题目要求判断三角形三条边的长度是否符合三角形要求，因此使用 do...while 语句实施判断。

程序运行时首先输入三条边的长度，如果出现任意两条边的长度之和小于第三条边的长度，就给出错误提示，重新输入，否则计算面积并输出显示。

根据算法分析，设计程序流程图如图 5-18 所示。

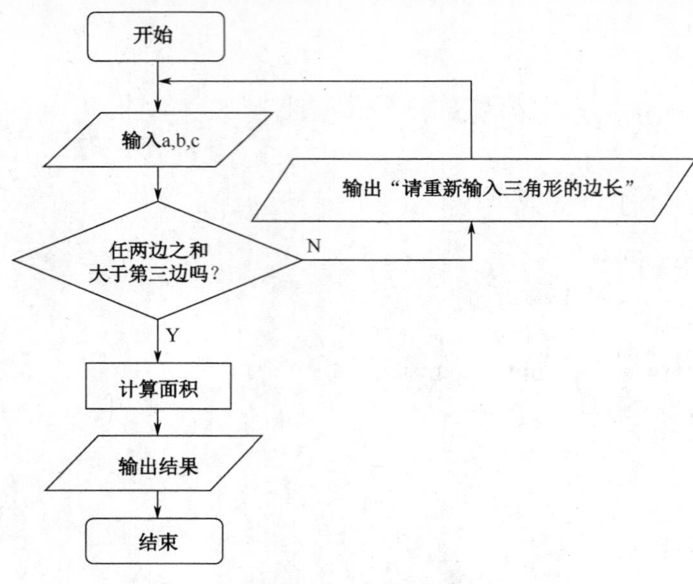

图 5-18　程序运行流程图

参考程序：

```
#include <stdio.h>
#include <math.h>

int main()
{
    int flag=0;
    float a,b,c,s;

    do
    {
        printf("Please enter a b c:");
        scanf("%f %f %f",&a,&b,&c);

        if(a>b+c || b>a+c || c>a+b)
        {
            flag=1;
            printf("您输入的边长度不能构成三角形!\n");
        }
            else
            flag=0;
    }while(flag);
    s=(a+b+c)/2;

    printf("S=%f\n",s=sqrt(s*(s-a)*(s-b)*(s-c)));

    return 0;
}
```

程序运行结果如图 5-19 和图 5-20 所示。

```
Please enter a b c:3 4 5
S=6.000000
Press any key to continue
```

图 5-19　输入正确时程序运行结果图

```
Please enter a b c:3 8 1
您输入的边长度不能构成三角形!
Please enter a b c:
```

图 5-20　输入错误时程序运行结果图

实验 8　多重循环结构

一、实验学时

1 学时

二、实验目的和要求

（1）理解循环嵌套程序段中语句的执行过程；
（2）掌握循环嵌套时各循环变量的设置；
（3）掌握各种双层循环嵌套的适用情况。

三、实验内容和操作步骤

在循环体语句中又包含有另一个完整的循环结构的形式，称为循环的嵌套（又称双重循环）。如果内循环体中又有嵌套的循环语句，则构成多重循环。嵌套在循环体内的循环体称为内循环，外面的循环称为外循环。

while、do…while、for 三种循环都可以互相嵌套。一般的双重循环嵌套形式如下所示：

```
(1) while ()
    { …
        while ()
          {
          …
          }
        …
    }
(2) for (;;)
    {
        …
        for (;;)
        {
        …
        }
```

```
(4) while ()
{…
 for (;;)
  {
    …
  }
  …
}
(5) for (;;)
{
  …
  while (;;)
   {
    …
   }
```

```
    }
  (3) do
      { …
       do{
         …
         }while ();
       …
      }while ();
```

```
    }
  (6) do
    {…
      for (;;);
       {
              …
        }
    }while ();
```

使用嵌套循环时要注意，内外层循环不要使用同一个循环变量，另外，内外层之间一定要是完整包含关系，不能有交叉情况出现。

相关的实验如下：

1.【实验内容 1】

求 1!+2!+3!+...+10!。

分析：求取阶乘的和是一道经典的 C 语言运算题，由于既要控制累加的次数，又要求出不同数字的阶乘，所以考虑使用循环嵌套。

要求某个数字的阶乘，可以设置变量 t 存放第 i 项阶乘值，初始值为 1。设置控制循环变量 j 从 1 开始，到 i 结束，循环过程中反复执行 t*j 赋予 t，此内层循环求得 i 的阶乘。由于题目要求得到从 1 的阶乘加到 10 的阶乘，因此外层循环控制变量 i 的变化范围为 1 到 10，设置累加和变量 s，将内层循环求得的阶乘 t 不断累加到 s 上，得到最终结果 s。

根据算法分析，设计程序流程图如图 5-21 所示。

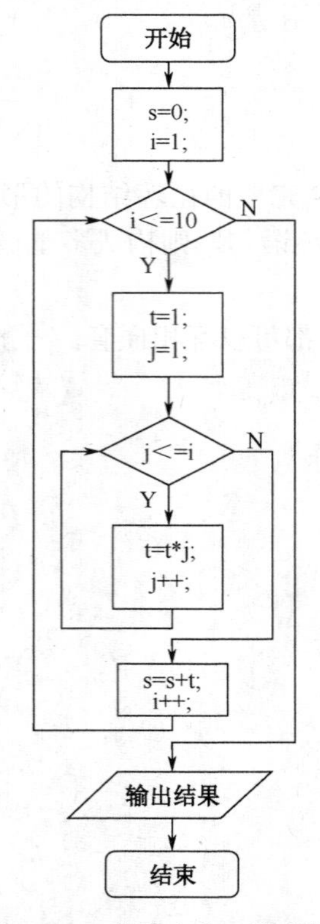

图 5-21　实验内容 1 流程图

参考程序：

```
#include <stdio.h>

int main()
{
    int i, j;
    double s = 0, t;

    for (i=1;i<11;i++)
    {
        j=1;
        t=1;
        while (j<i+1)
        {
            t=t*j;
            j++;
        }
        s=s+t;
    }

    printf( "1!+2!+3!+...+10!=%.2f\n", s );

    return 0;
}
```

程序运行结果如图 5-22 所示。

```
1!+2!+3!+...+10!=4037913.00
Press any key to continue
```

图 5-22　程序运行结果图

2.【实验内容 2】

求 s=1+(1+2)+(1+2+3)+ …+(1+2+…n)，n 要求从键盘输入。

分析：题目要求由键盘输入正整数 n，然后计算要求的结果。观察规律，发现给定 n 后，可以通过 n 控制外层循环，实现最终的 n 个数字相加求和。而进一步观察发现，每个参与求和的数据又是一个可以通过循环实现求和的数字，由此确定内层循环，得到最终结果。

根据算法分析，设计程序流程图如图 5-23 所示。

参考程序：

```
#include <stdio.h>

int main()
{
    int i,j,n,s=0,sum=0;

    printf("请输入一个正整数:");
    scanf("%d",&n);
```

```
    for(i=1;i<=n;i++)
        {
            s=0;
            for(j=1;j<=i;j++)
                s+=j;
            sum+=s;
        }

    printf("1+(1+2)+...+(1+2+...n)=");
    printf("%d\n",sum);

    return 0;
}
```

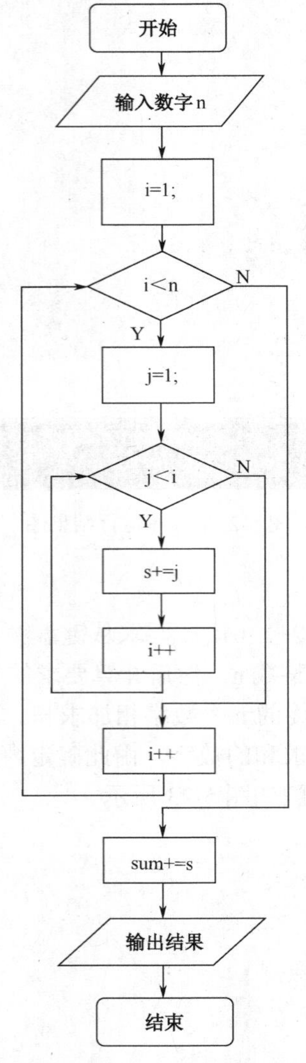

图 5-23　实验内容 2 流程图

程序运行效果如图 5-24 所示。

```
请输入一个正整数:15
1+(1+2)+...+(1+2+...n)=680
Press any key to continue
```

图 5-24　程序运行结果图

实验 9　break 语句和 continue 语句

一、实验学时

1 学时

二、实验目的和要求

（1）理解 break 和 continue 的执行过程；
（2）掌握 break 和 continue 语句对应流程图的画法；
（3）掌握 break 和 continue 语句的区别。

三、实验内容和操作步骤

break 语句的一般格式：

```
break;
```

前面我们知道用 break 语句可以使程序流程跳出 switch 结构，继续执行 switch 语句下面的一个语句。实际上，break 语句还可以用于循环结构中，即当流程执行 break 语句时提前结束循环，接着执行循环下面的语句。

break 语句对于减少循环次数，加快程序的执行起着重要的作用。

continue 语句的一般格式：

```
continue;
```

continue 语句的作用为结束本次循环，直接进行下一轮循环的判断。continue 语句和 break 语句的区别是：continue 语句只是结束本次循环，就是本次循环的 continue 后面其余语句不执行了，接着开始下一轮循环，而不是终止整个循环的执行，而 break 语句则是结束循环，不再进行条件判断。continue 语句只能用于 for，while，do～while 语句中，常与 if 语句配合，起到加速循环的作用。

如果有以下两个循环结构:

```
(1) while (表达式1)          (2) while (表达式1)
    {…                           {…
    if(表达式2) break;           if(表达式2) continue;
    …}                           …}
```

两种结构的流程如图 5-25 所示，请注意图中当“表达式 2”为真时流程的转向。结构(1)的表达式 2 为真时，直接退出了循环，而结构(2)的表达式 2 为真时，则是退出当前循环进入下一轮循环。

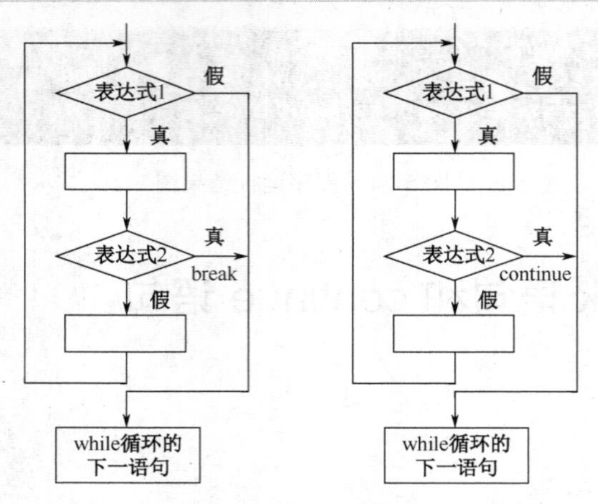

图 5-25　break 和 continue 流程示意图

相关的实验如下：

1. **【实验内容 1】**

输出 1000 以内个位数字是 6 且能被 3 整除的所有数，要求每行输出 6 个数据。

分析：首先观察满足要求数据的特点，1000 以内个位数字为 6，如果将循环设置为从 0 到 1000，则势必采用穷举法尝试，并且在尝试过程中进行末尾数字为 6 的判断，效率比较低。更好的方法是将循环设置为从 0 到 99，在循环体内首先进行扩大 10 倍并且加 6 的运算，这样就可以得到所有满足要求的数据。用这些数据进行整除 3 的判断，一旦满足就打印出来，否则跳过当前数据，继续进行循环体。根据这种特点，采用 continue 实现可以满足要求。

根据算法分析，设计程序流程图如图 5-26 所示。

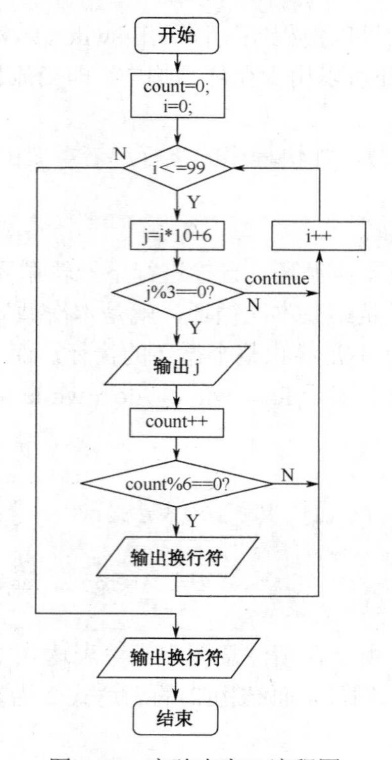

图 5-26　实验内容 1 流程图

参考程序：

```
#include <stdio.h>

int main()
{
    int i,j,count=0;

    for (i=0;i<=99;i++)
    {
        j=i*10+6;
        if (j%3!=0)
            continue;
        else
        {
            printf("%d\t",j);
            count++;
            if (count%6==0)
                printf("\n");
        }
    }

    printf("\n");

    return 0;
}
```

程序运行结果如图 5-27 所示。

```
6       36      66      96      126     156
186     216     246     276     306     336
366     396     426     456     486     516
546     576     606     636     666     696
726     756     786     816     846     876
906     936     966     996
Press any key to continue_
```

图 5-27　程序运行结果图

2.【实验内容 2】

编写程序求出 555555 的约数中最大的三位数是多少。

分析：要求出约数中最大的三位数，可以使用穷举法。本例采用 for 循环，为提高求解效率，可以考虑从 999 向 100 逐渐减少进行尝试，一旦得到满足要求的约数，立刻通过 break 语句结束循环，并打印输出结果。

根据算法分析，设计程序流程图如图 5-28 所示。

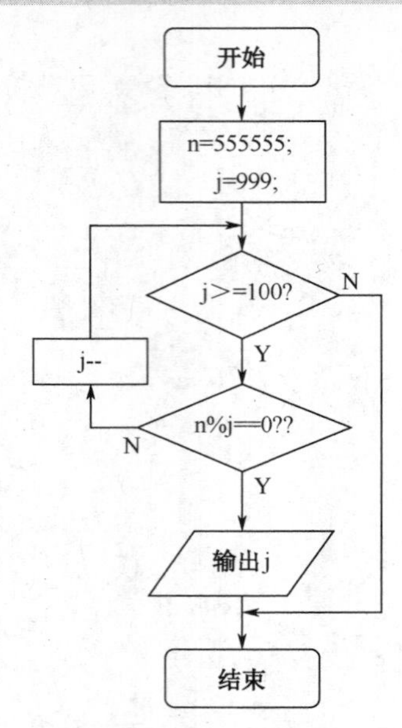

图 5-28　程序运行流程图

参考程序：

```
#include <stdio.h>

int main()
{
    int j;
    long n=555555;                /* 使用长整型变量，以免超出整数的表示范围 */

    for(j=999;j>=100;j--)         /* 可能取值范围在999到100之间，j从大到小 */
        if(n%j == 0 )             /* 若能够整除j，则j是约数，输出结果 */
            {
                printf("The max factor with 3 digits in %ld is: %d.\n",n,j);

                break;            /* 控制退出循环 */
            }

    rerurn 0;
}
```

程序运行结果如图 5-29 所示。

```
The max factor with 3 digits in 555555 is: 777.
Press any key to continue_
```

图 5-29　程序运行结果图

3.【实验内容 3】

计算 100 以内所有素数的和。

通过对各种循环结构的学习，应该掌握各种结构的特点及适用条件，以便更好地解决问题。

但在实际应用当中，有些问题可以用多种循环结构实现，达到同样的效果，本例将使用不同的循环结构解决“计算 100 以内所有素数的和”的问题。

参考方法一：

由于题目要求是 100 以内所有素数的和，所以要使用循环进行是否是素数的判断，进而进行求和运算，得到满足要求的结果。而判断某个数据是否为素数，只需要用从 2 到该数一半大小进行整除判断即可，因此解决该题目需使用循环嵌套实现。

根据算法分析，设计参考流程图如图 5-30 所示。

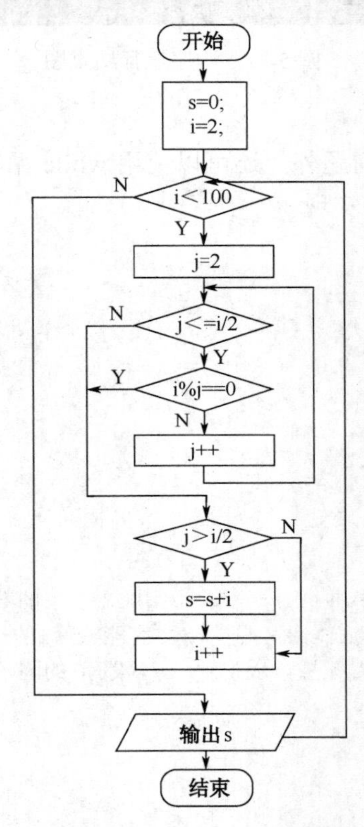

图 5-30　实验内容 3 流程图

参考程序：

```
#include <stdio.h>

int main()
{
    int i,j,s=0;

    for(i=2;i<=100;i++)              /* 设置循环产生2～100之间的数 */
    {
        for(j=2;j<=i/2;j++)          /* 用2～i/2的数去除i */
            if(i%j==0)  break;       /* 有能整除i的j，说明i不是素数，退出 */
        if(j>i/2)                    /* i是素数，因为2～i/2没有i的因子 */
            s=s+i;
    }
```

```
    printf("100以内素数之和为：%d\n",s);

    return 0;
}
```

程序运行结果如图 5-31 所示。

```
100以内素数之和为：1060
Press any key to continue
```

图 5-31　程序运行结果图

参考方法二：

除了使用两个 for 循环求解问题外，还可以使用 while 循环配合 for 循环实现题目的求解，请学生参考流程图 5-30 思考如何实现。

参考程序如下：

```
#include <stdio.h>

int main()
{
    int i,j,s=0;
    i=2;

    while (i<=100)
    {
        for(j=2;j<=i/2;j++)          /* 用2～i/2的数去除i */
            if(i%j==0)  break;       /* 有能整除i的j，说明i不是素数，退出 */
        if(j>i/2)  /* i是素数，因为2～i/2没有i的因子 */
            s=s+i;
        i++;
    }

    printf("100以内素数之和为：%d\n",s);

    return 0;
}
```

参考方法三：

当然在解决问题时也可以不用到 for 循环，而直接使用两个 while 循环达到完成题目要求的功能。请学生在思考该问题后参考如下程序上机实践。

```
#include <stdio.h>

int main()
{
    int i,j,s=0;
    i=2;

    while (i<=100)
    {
```

```
        j=2;
        while (j<=i/2)
        {
            if(i%j==0)  break;
            j++;
        }
        if(j>i/2)
            s=s+i;
        i++;
    }

    printf("100以内素数之和为: %d\n",s);

    return 0;
}
```

由以上实例的解题思路中可以看出，对不同问题使用多层循环嵌套结构解决问题时，可以适用不同的结构，以上仅仅是其中的一部分解决方案，请同学们思考使用 do…while 循环和 for 以及 while 循环如何嵌套解决该问题。

4.【实验内容 4】

编写程序输出 50 以内的素数。

分析：题目要求出 50 以内的素数，可以考虑使用穷举法解决问题，设置外层循环变量时从 3 开始，因为 2 是唯一的一个偶数并且为素数，所以不用考虑，在输出结果时直接输出就可以了，外层循环到 50 结束，一一尝试。考虑素数的特点，只能被 1 和其本身整除，比本身小的最大约数应该是该数字的一半，即 n/2。所以内层循环变量可以设置为从 2 到 n/2，逐个考察数字 n 能不能被其中任何一个数字整除，如果有满足条件的数字出现，则说明该数字不是素数，此时可借助 break 结束内层循环。

根据算法分析，设计程序流程图如图 5-32 所示。

参考程序：

```
#include <stdio.h>

int main()                             //主函数
{
    int flag;                          //标志是否为质数

    printf("2  ");

    for (int i=3;i<=50;i++)            //从3开始到50逐一测试
    {
        flag=0;                        //初始化，为素数
        for (int j=2;j<=i/2;j++)       //从除以2开始，一直除以到i/2
        {
            if (!(i %j) )              //如果整除
            {
                flag=1;                //标志为1
                break;                 //跳到下一个数
```

```
            }
        }
        if (flag==0) printf("%d  ",i);
    }

    printf("\n");

    return 0;
}
```

开始
输出"2"
i=3
i<=50
N
Y
flag=0
j=2
i<=i/2
N
Y
j++
i%i<>0
N
Y
flag=1
flag=0
N
Y
输出i
i=i+2
结束

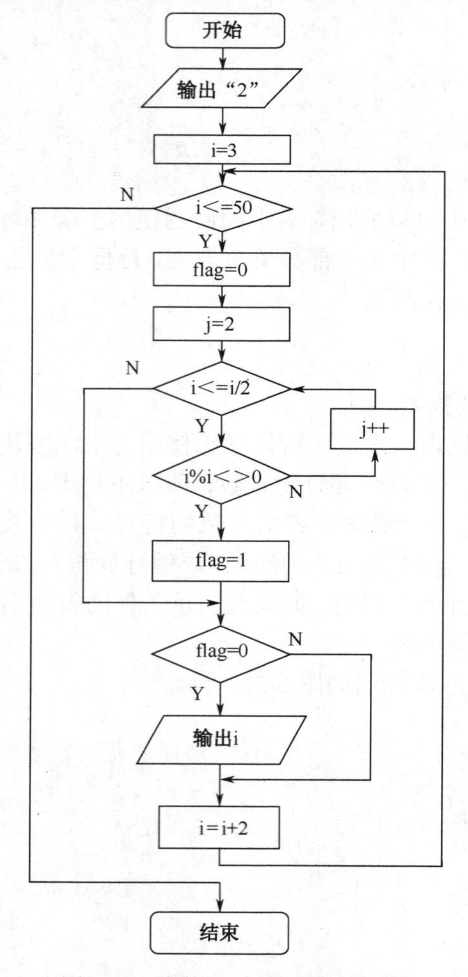

图 5-32　求解 50 以内素数流程图

本程序运行结果如图 5-33 所示。

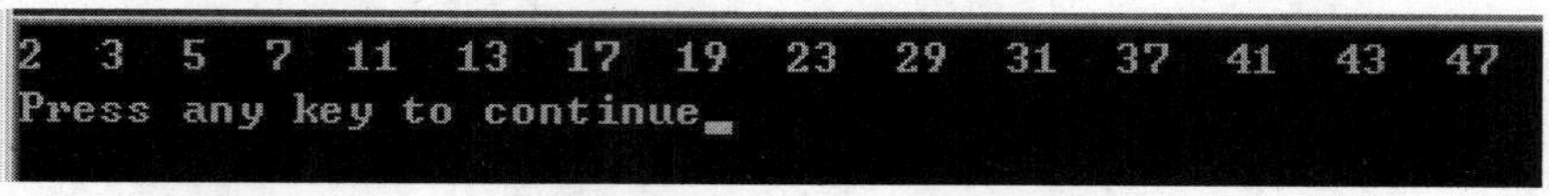

2 3 5 7 11 13 17 19 23 29 31 37 41 43 47
Press any key to continue

图 5-33　程序运行结果图

四、实验报告要求

结合实验准备方案和实验过程记录，总结分析 For 循环、While 循环、Do 循环使用时应该注意的事项，并对任一个程序，尝试用不同的循环结构实现。

认真书写实验报告，注意自己在编译过程中出现的错误，并分析原因。

函 数

本章主要介绍C语言函数、指针的基本概念，还介绍变量的存储类型，它决定了变量的存储周期、作用域。最后介绍函数的递归调用。

实验 10 函数的定义与调用

一、实验学时

2 学时

二、实验目的和要求

（1）掌握函数的定义及调用方法。
（2）掌握函数实参与形参的对应关系，以及“值传递”的方式。
（3）掌握数组元素作为函数实参的用法。
（4）掌握变量的存储类型，理解变量的作用域、存储周期。

三、实验内容和操作步骤

C 语言的函数包括标准库函数和自定义函数，无论使用哪种函数都必须先声明。

库函数开发者一般将函数的声明以扩展名为.h 的源程序形式发布，所以在使用库函数时，需要在当前源文件的头部添加 #include"头文件名称"或 #include<头文件名称>。

函数定义的一般格式为：

```
返回值类型 函数名（形式参数列表）          /* 函数头 */
{                                        /* 函数体 */
        变量声明
        函数实现过程
}
```

函数的参数有两种，定义函数时的参数称为形式参数，调用函数时称为实际参数，实参和形参必须一一对应即数据类型、数量及顺序必须一致。

函数返回值类型是指返回给主调函数的运算结果的数值类型。

调用函数时函数的实参向形参传递数据的方式采用传值方式，是将实参变量的值的拷贝传递给形参，函数的调用不影响实参的原值。

变量的存储类型决定了它的存储周期、作用域和链接。变量的存储类型共有4种：auto、static、extern和register。根据变量的作用域又分为局部变量与全局变量，全局变量不属于任何一个函数。

相关的实验如下：

1.【实验内容1】

编写程序，输入一个一元二次方程的三个系数，输出此方程的两个实根。

思路提示：此程序中要用到数学函数sqrt(),这是个标准库函数,其函数的声明包含在math.h这个头文件中，要想使用这个函数，就要在程序开始包含这个头文件。

源程序如下：

```
#include<stdio.h>
#include<math.h>              /*包含数学库函数声明的头文件 */

int main()                    /*求一元二次方程根的程序 */
{
    int a,b,c;                /*一元二次方程的三个系数 */

    scanf("%d,%d,%d",&a,&b,&c);
    double delt,x1,x2;    /*一元二次方程的两个根分别是x1和x2 */

    delt=sqrt(b*b-4*a*c);
    x1=(-b/2*a)+delt;
    x2=(-b/2*a)-delt;

    printf("x1=%f,x2=%f\n",x1,x2);

   return 0;
}
```

程序运行结果如图6-1所示。

```
2,9,8
x1=-3.876894,x2=-12.123106
Press any key to continue
```

图6-1 程序运行结果

本例中使用了数学函数，是标准库函数，必须在使用前进行声明。

2.【实验内容2】

编写程序，要求将计算一个整数m的n次方的过程编写为函数，通过调用此函数求-2和3的0～9次方并输出。

思路分析：初学者编写函数，最容易迷惑的就是参数的个数。此题中求整数m的n次方，显然需要主调函数传递两个实参，所以定义函数时至少要有两个形参。求-2 和 3 的 0 ~ 9 次方，那么主调函数中也要有一个循环，在循环中调用自定义函数。

源程序如下：

```
#include<stdio.h>
int power(int m,int n)    /*编写函数计算整数m的n次方*/
{
    int p=1;
    int i;

    for(i=0;i<n;i++)
    {
        p *=m;
    }
    return p;
}
int main()
{
    int i;
    int power(int m,int n);          /*调用函数*/

    for(i=0;i<10;i++)                /*求-2和3的0～9次方并输出*/
        printf("%d %d %d\n",i,power(-2,i),power(3,i));

    return 0;
}
```

程序运行结果如图 6-2 所示。

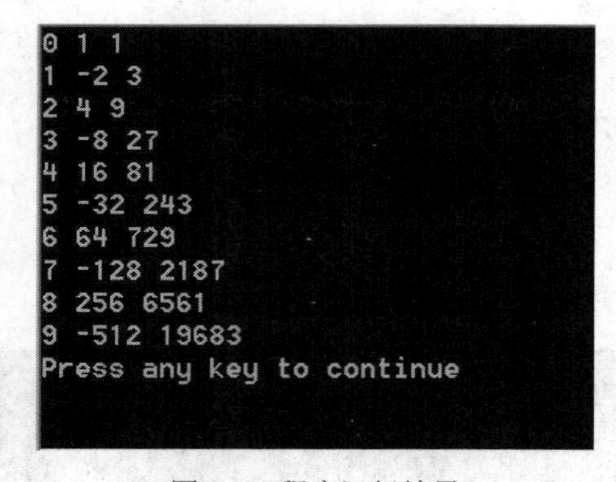

图 6-2　程序运行结果

此程序中如果调用函数语句在函数定义语句之前，那么必须在调用语句之前进行函数声明。

源程序改写成如下形式：

```
#include<stdio.h>
int power(int m,int n);          /*函数声明语句*/

int main()
{
```

```
    int i;
    int power(int m,int n);

    for(i=0;i<10;i++)
       printf("%d %d %d\n",i,power(-2,i),power(3,i));

    return 0;
}
int power(int m,int n)
{
    int p=1;
    int i;

    for(i=0;i<n;i++)
    {
       p *=m;
    }
    return p;
}
```

3.【实验内容3】

编写程序，求一个数据区间内所有素数的个数。

思路提示：通过分析题目，我们可以用函数来编写一个数据区间内素数的个数，然后在主函数中输入数据区间的开始及结束数据作为实参传递给自定义函数。编写程序时，要考虑所有可能性，如果输入的第一个数据比第二个大，那么我们就进行一次数据交换，保证这个区间开始的数据比结束的数据小；如果开始的数据是3，那么只有一个素数是2；如果以偶数作为开始数据，那么把开始的数据+1。

源程序如下：

```
#include<stdio.h>
#include<math.h>

int num(int x,int y);/*函数声明*/

int main()
{
    int a,b,c;

    printf("input two integer:");
    scanf("%d%d",&a,&b);

    c=num(a,b);

    printf("num=%d\n",c);

    return 0;
}
int num(int x,int y)
```

```
{
    int i,j,k,n=0;

    if(y<x){k=x;x=y;y=k;}       /*保证x>y*/
    if(x<3){n=1;x=2;}           /*3以内只有一个素数即2*/
    if(x%2 ==0) x++;            /*如果x是偶数，那么从比x大1的数开始*/
    for (i=x;i<=y;i=i+2)
    {
        k=(int)sqrt(i);         /*求出素数循环的终值*/
        for(j=2;j<=k;j++)
            if(i%j==0) break;   /*不是素数跳出循环*/
        if(j>k) n++;            /*是素数，计数增1*/
    }
    return n;
}
```

实验结果如图 6-3 所示。

```
input two integer:100 32
num=14
Press any key to continue_
```

图 6-3　程序运行结果

4.【实验内容 4】

编写程序，求两个数的最大公约数和最小公倍数，要求使用全局变量。

思路提示：将求最大公约数和最小公倍数的部分编写成两个自定义函数，那么需要在主调函数中传递两个实参，所以定义函数时至少要有两个形参。全局变量是在程序运行过程中都起作用的变量，在程序开始处定义的话，在函数中都可以使用。求最小公倍数要用到此两个数的最大公约数，将存储最大公约数和最小公倍数的变量声明成全局变量，就可以在自定义函数中存储返回值并在主调函数中进行结果输出了。

源程序如下：

```
#include <stdio.h>
int h,l;                    /*定义全局变量*/
void main()
{
    void hcf(int,int);      /*说明hcf函数*/
    void lcd(int,int);      /*说明lcd函数*/
    int m,n;

    printf("please input m,n: \n");
    scanf("%d, %d",&m,&n);

    hcf(m,n);
    lcd(m,n);
    printf("H.C.F= %d\n",h);
    printf("L.C.D= %d\n",l);
```

```
}

void hcf(int m,int n)  /*定义求最大公约数的函数*/
{
    int t,r;

    if (n>m)
    {
        t=n;
        n=m;
        m=t;
    }
    while ((r=m%n)!=0)
      {
        m=n;
        n=r;
       }
    h=n;
}

void lcd(int m,int n)  /*定义求最小公倍数函数*/
{
    l=m*n/h;
}
```

程序运行结果如图 6-4 所示。

```
please input m,n:
64,72
H.C.F= 8
L.C.D= 576
Press any key to continue_
```

图 6-4 程序运行结果

四、实验报告要求

结合实验准备方案和实验过程记录，总结对函数定义与调用的基本认识，进一步分析函数参数的值传递，并认真体会变量的存储类型之间的区别。

认真书写实验报告，注意自己在编译过程中出现的错误，分析原因。

实验 11 函数的传址引用与递归调用

一、实验学时

2 学时

二、实验目的和要求

（1）掌握函数参数传递的另一种方法：传址。
（2）掌握函数的递归调用。

三、实验内容和操作步骤

传址方式是将主调函数中某一数据存储区的地址通过函数参数传递给被调函数，主调函数和被调函数共同访问一段数据区。以前我们访问变量都通过变量名的方式进行“直接访问”，还有一种“间接访问”变量的方式，就是将存储变量的地址存放在一个变量中，通过取得变量的地址再访问变量的方式。存储变量地址的变量我们称为指针。

```
int a, *p; /*定义了整型变量a，还定义了一个用于存放整型变量所占内存地址的指针变量p*/
p=&a;      /*将整型变量a所占的内存地址赋给指针变量p */
*p=5;      /*在指针变量p所指向的内存地址中赋以整型值5 */
```

数组名其实就是指针，存放的是数组第一个元素的首地址。

数组作为函数的参数，调用时只需写数组名，定义时不必写数组的大小。

相关的实验如下：

1.【实验内容 1】

（1）编写程序，输入两个整数，编写函数实现将两个整数交换位置输出。

思路提示：此问题涉及函数参数的传址应用，上一次实验我们主要练习的是函数参数的传值应用，函数的执行不影响实参数据。而此程序中，函数的执行要影响实参数据，就要用到参数的传址应用。将指针作为实参传递的是变量的地址，也就是说实参和形参共用一个相同的地址，调用函数交换两个地址中的数据，当然也就会将实参数据进行了改变。

源程序如下：

```
#include "stdio.h"
void swap(int *p1, int *p2)
{
    int temp;

    temp=*p1;
    *p1=*p2;
    *p2=temp;
}
void main()
{
    int x,y;

    printf("请输入两个整数：\n");
    scanf("%d,%d",&x,&y);
    printf("x=%d,y=%d\n",x,y);

    swap(&x,&y);

    printf("交换后：\n");
```

```
    printf("x=%d,y=%d\n",x,y);
}
```

程序运行结果如图 6-5 所示。

```
请输入两个整数:
12,13
x=12,y=13
交换后:
x=13,y=12
Press any key to continue
```

图 6-5　程序运行结果

（2）编写程序，实现：

- 将数组 a 中大于−20 的元素，依次存放到数组 b 中。
- 将数组 b 中的元素按照从小到大的顺序存放到数组 c 中；
- 函数返回数组 b 中的元素个数。

思路提示：此例中使用数组作为函数的参数，定义一个函数用于筛选大于-20 的数据，然后对筛选后的数据进行排序，排序用到冒泡排序算法。

源程序如下：

```
#include <stdio.h>

int fun2(int a[],int n,int b[],int c[])
{
    int i,j,k=0,t;

    for(i=0;i<n;i++)                    /* 选取大于-20的数为b数组赋值 */
    {
        if( a[i] > -20 )
        {
            b[k++] = a[i];
        }
    }

    for(i=0;i<k;i++)                    /* 将b数组复制到c中 */
    {
        c[i] = b[i];
    }

    for(i=0;i<k-1;i++)                  /* 对c数组排序 */
    {
        for(j=0;j<k-i-1;j++)
        {
            if(c[j] > c[j+1])
            {
                t = c[j];
                c[j] = c[j+1];
                c[j+1] = t;
```

```
            }
        }
    }

    return k;
 }
void main()
{
  int n = 10, i, nb;
  int aa[ ] = {12, -10, -31, -18, -15, 50, 17, 15, -20, 20};
  int bb[10], cc[10];

  printf("There are %2d elements in aa.\n", n);
  printf("They are: ");

  for(i=0; i<n; i++)
       printf("%6d", aa[i]);

  printf("\n");

  nb = fun2(aa, n, bb, cc);

  printf("Elements in bb are: ");

  for (i=0; i<nb; i++)
       printf("%6d", bb[i]);

  printf("\n");
  printf("Elements in cc are: ");

  for(i=0; i<nb; i++)
       printf("%6d", cc[i]);
  printf("\n");
  printf("There are %2d elements in bb.\n", nb);

}
```

程序运行结果如图 6-6 所示。

```
There are 10 elements in aa.
They are:     12   -10   -31   -18   -15    50    17    15   -20    20
Elements in bb are:     12   -10   -18   -15    50    17    15    20
Elements in cc are:    -18   -15   -10    12    15    17    20    50
There are  8 elements in bb.
Press any key to continue
```

图 6-6 程序运行结果

2.【实验内容 2】

（1）编写程序，有 5 个人坐在一起，问第五个人多少岁？他说比第 4 个人大 2 岁。问第 4

个人岁数，他说比第 3 个人大 2 岁。问第三个人，又说比第 2 人大两岁。问第 2 个人，说比第一个人大两岁。最后问第一个人，他说是 10 岁。请问第五个人多大？

程序分析：利用递归的方法，递归分为回推和递推两个阶段。要想知道第五个人岁数，需知道第四人的岁数，依次类推，推到第一人（10 岁），再往回推。

源程序如下：

```
#include"stdio.h"
int age(int n);
void main()
{
  printf("%d\n", age(5));
}
int age(int n)
{
  int c;

  if(n==1)
     c=10;
  else
     c = age(n-1)+2;
  return(c) ;
}
```

程序运行结果如图 6-7 所示。

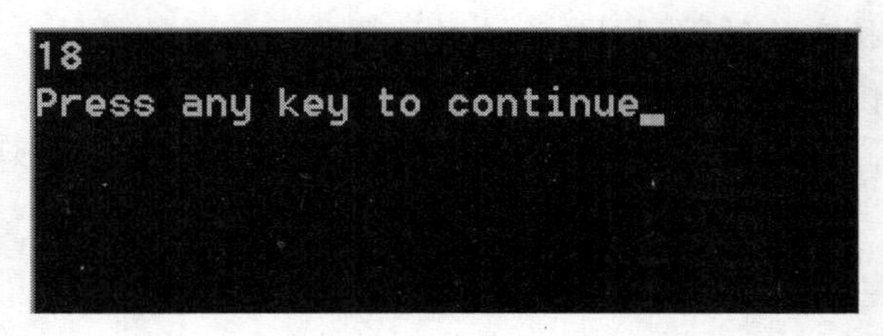

图 6-7 程序运行结果

（2）编写函数计算任意整数 n 的阶乘，要求在主函数中输入整数 n，并输出 n 的阶乘。

程序分析：根据阶乘公式：n!=n*(n-1)!，可见求 n!的问题可以转化为求(n-1)!的问题，求(n-1)!的问题可以转化为求(n-2)!的问题，以此类推，n 越来越小，直到 n=1 时，!=1。那么，回推可得 2!、3!...，最终可得到 n 的阶乘。由此建立计算 n!的递推公式。

源程序如下：

```
#include "stdio.h"
long fac(int n)
{
   long m=1;
   if(n==0||n==1)
   {
      m=1;
   }
   else
   {
      m=n*fac(n-1);
```

```
    }
    return m;
}
void main()
{
    int n=0;
    long m=1;
    scanf("%d",&n);
    m=fac(n);
    printf("%d!=%ld\n",n,m);
}
```

程序运行结果如图 6-8 所示。

图 6-8　程序运行结果

四、实验报告要求

结合实验准备方案和实验过程记录，总结对函数参数传递的传址方式及函数的递归调用的基本认识，传值方式与传址方式的区别。

认真书写实验报告，注意自己在编译过程中出现的错误，分析原因。

数　组

本章主要介绍一维数组的定义、初始化，一维数组元素的引用，一维数组与指针运算；二维数组的定义、初始化，二维数组元素的引用，二维数组与指针运算；使用内存动态分配实现动态数组的方法。

实验 12　一维数组及其指针运算

一、实验学时

2 学时

二、实验目的和要求

（1）掌握一维数组的定义、初始化方法。
（2）一维数组元素的引用方法。
（3）一维数组与指针。

三、实验内容和操作步骤

1. 一维数组的定义

一维数组的定义为：

```
类型说明符 数组名 [常量表达式];
```

其中，类型说明符是任一种基本数据类型或构造数据类型。数组名是用户定义的标识符，该标识符遵循用户自定义标识符的命名规则。方括号中的常量表达式表示数据元素的个数，也称为数组长度。定义一个具有 10 个整型数据的一维数组 array 可写为：

```
int array[10];
```

通常情况下，在程序开始部分，使用符号常量定义数组的长度，以保证程序的通用性和易修改性。数组 array 可描述为：

```
#define N 10;
```

```
int array[N];
```

2．一维数组元素的引用

在C语言中，数组元素只能逐个引用，不能一次引用数组中的全部元素。数组元素的使用形式为：

```
数组名[下标];
```

下标的范围从0到数组长度-1，上例中的数组array，可使用的数组元素可描述为array[i](i∈[0,数组长度-1])。

3．一维数组的初始化方法

（1）一般初始化操作。

将一系列的值位于一对花括号内，值与值之间使用逗号分割开来。如：

```
#define N 5
int  array[N] = {0,1,2,3,4};
```

初始化列表给出的值依次赋值给数组的各个元素，array[0]被赋值为 0，array[1]被赋值为1，……，array[4]被赋值为4。

如果初始值的个数大于数组定义中定义的数组的长度，则为语法错误。如：

```
#define N 5
int  array[N] = {0,1,2,3,4,5};
```

是不合法的。

如果初始值的个数小于数组定义中定义的数组的长度，则仅对前几个数组元素进行初始化。如：

```
#define N 5
int  array[N] = {0,1,2};
```

数组array的前3个数组元素array[0]，array[1]，array[2]分别被初始化为0，1，2，而数组array的后2个数组元素array[3]，array[4]分别被初始化为0。

当对全部数组元素进行初始化操作时，可以不指定数组长度。例如，

```
int  array[ ] = {0,1,2,3,4};
```

这是因为虽然数组的定义中并没有给出数组的长度，但是编译器具有把所容纳的所有初始值的个数设置为数组长度的能力。

（2）静态存储的数组的自动初始化操作。

一维静态存储的数组定义形式为：

```
static  类型说明符 数组名 [常量表达式];
```

例如：

```
static int array[5];
```

一维静态存储的数组只在程序开始执行之前初始化一次。

（3）利用输入函数scanf()逐个输入数组中的各个元素。

```
#define N 5
......
int array[N];
......
    for(int i=0;i<N;i++) /* 该循环使用输入函数为每个数组元素赋值 */
    {
       printf("Enter array[%d]:\t",i);
```

```
        scanf("%d",&array[i]); /* &array[i]表示取数组元素array[i]的地址 */
    }
```

4. 一维数组的数组名值

一维数组的数组名的值是一个指针常量，也就是数组中第一个数组元素的地址。

5. 一维数组的数组名使用方法

作为函数参数的一维数组的数组名使用方法有以下 4 种：

（1）实参与形参都用数组名。例如，

```
int main()                     定义Output()函数：
{
  int array[10];                 void Output(int p[ ],int n)
   …                             {
  Output(array,10);              …
     …
  return 0;                       }
}
```

形参 int p[ ]表示 p 所指向对象的指针变量，以此处，int p[ ]等价于 int *p。

由于形参数组名接收了实参数组的首地址，因此可以理解在函数调用期间，形参数组与实参数组共用一段内存空间。

（2）实参用数组名，形参用指针变量。例如，

```
int  main()                    定义Output()函数：
{ int array[10];                 void Output  (int *p,int n)
  …                              {
 Output  (array,10);               …
  …
return 0;                         }
}
```

函数开始执行时，p 指向 array[0]，即 p=&array[0]。通过 p 值的改变，可以指向数组 array 中的任一元素。

（3）实参与形参都用指针变量。例如，

```
int  main()                          定义Output()函数：
{
int array[10],*ptr=array;             void Output  (int *p,int n)
                 …                    {
 Output  (ptr,10);                    …
  …
return 0;                              }
}
```

如果实参用指针变量，则这个指针变量必须有一个确定的值。先使实参指针变量 ptr 指向数组 array，ptr 的值是&array[0]，然后将 ptr 的值传给形参指针变量 p，p 的初始值也是&array[0]。通过 p 值的改变可以使 p 指向数组 array 的任一元素。

（4）实参用指针变量，形参用数组名。例如，

```
int main()                              定义Output函数：
{
```

```
int array[10],*ptr=array;              void Output (int p[],int n)
            …                          {
      Output (ptr,10);                        …
            …
return 0;                               }
}
```

实参 ptr 为指针变量，它使指针变量 ptr 指向数组 array。形参为数组名 p，实际上将 p 作为指针变量处理，可以理解为形参数组 p 和 array 数组共用同一段内存单元。在函数执行过程中可以使 p[i]的值变化，而它也就是 array[i]。

实参数组名代表一个固定的地址，或者说是指针型常量，而形参数组并不是一个固定的值。作为指针变量，在函数调用时，它的值等与实参数组首地址，但在函数执行期间，它可以再被赋值。

相关的实验如下：

1.【实验内容 1】

8 名学生的计算机基础成绩分别为：78，58，69，87，96，74，81，60。将这 8 名学生的计算机基础成绩存储在一维数组 grade 中，求这 8 名学生的平均成绩以及大于平均成绩的人数。

思路提示：先定义一维数组 grade，在定义数组时直接将实验中所给的 8 个数据写在一对花括号{ }中，直接进行初始化；然后使用循环结构求这 8 名学生的总成绩，从而求得平均成绩；再次使用循环，逐一用数组元素和平均值进行比较，最终求得大于平均成绩的人数。

源程序如下：

```
#include <stdio.h>
#define N 8

int main()
{
    int grade[N]={78,58,69,87,96,74,81,60};
    int sum = 0;
    int cnt = 0;

    for(int i=0;i<N;i++)
        sum+=grade[i];
    double avg = (double)sum/N;


    for(i=0;i<N;i++)
        if(grade[i]>avg)
            cnt++;

    printf("%.1lf\n",avg);
    printf("%d\n",cnt);

    return 0;
}
```

程序运行结果如图 7-1 所示。

```
75.4
4
Press any key to continue
```

图 7-1　实验内容 1 运行结果图

2.【实验内容 2】

从键盘输入 10 个整数，求这 10 个整数按照从小到大的顺序进行输出，每行输出 5 个数组元素。

思路提示：本实验先要定义一个具有 10 个整型元素的一维数组 array，然后使用循环通过 scanf()函数输入数据；再对这 10 个整数进行排序，排序可使用冒泡排序法，其思路是：将相邻两个数组元素进行比较，如果前者大于后者则将两个数组元素交换位置，即数值小的数组元素在前，数值大的数组元素在后。相邻两个数组元素可描述为 array[i]和 array[i+1]，因 i+1 也为下标，故 0≤i+1≤9，从而求得 i 的最大值为 8，上述过程可使用如下程序段进行描述：

```
#define N 10
int  array[N];
int temp;
   ......
 for(int i=0;i<N-1;i++)
    if(array[i])>array[i+1])
   {
    temp =array[i];
    array[i] = array[i+1];
    array[i+1] = temp;
   }
```

这仅为一趟排序，通过一趟排序可找到该数组中的最大值。通常有 N 个数组元素的数组需要（N-1）趟这样的比较。

数组是一组有序变量的集合，在使用循环变量处理数组问题时，通常循环变量的初始值为 0；如果输出一个数组元素计数变量 cnt 加 1，那么循环变量和计数变量 cnt 相差 1，可使用（循环变量+1）代替计数变量 cnt。每输出 5 个数据，就需要输出一个换行符。上述过程可用如下程序段描述：

```
for(i=0;i<N;i++)
{
   printf("%6d",array[i]);
   if((i+1)%5==0)
      printf("\n");
}
```

通过上述分析，该实验内容源程序如下：

```
#include <stdio.h>
#define N 10

int main()
{
   int array[N];
   int temp;
```

```
    for(int i=0;i<N;i++)
    {
        printf("Enter NO.%d number:\n",i+1);
        scanf("%d",&array[i]);
    }

    for(i=0;i<N-1;i++)
        for (int j=0;j<N-i-1;j++)
        if(array[j]>array[j+1])
        {
            temp = array[j];
            array[j] = array[j+1];
            array[j+1] = temp;
        }


    for(i=0;i<N;i++)
    {
        printf("%6d",array[i]);
        if((i+1)%5==0)
            printf("\n");
    }

    return 0;
}
```

本实验的运行结果如图 7-2 所示。

```
Enter NO.1 number:
27
Enter NO.2 number:
56
Enter NO.3 number:
98
Enter NO.4 number:
458
Enter NO.5 number:
36
Enter NO.6 number:
53
Enter NO.7 number:
91
Enter NO.8 number:
306
Enter NO.9 number:
709
Enter NO.10 number:
661
    27    56    98    36    53
    91   306   458   661   709
Press any key to continue
```

图 7-2　实验内容 2 运行结果图

3.【实验内容 3】

使用随机函数初始化一个具有 20 个元素的一维数组，使其值在 60～205 之间，输出这 20

个数组元素，每行输出5个。

思路提示：使用随机函数初始化一个一维数组，通常要使用rand()函数，为了使rand的结果更"真"一些，也就是令其返回值更具有随机性(不确定性)，C语言在stdlib.h中还提供了srand函数，通过该函数可以设置一个随机数种子，一般用当前时间的毫秒数来做参数。通过time(NULL)可以获取到当前时间的毫秒值(该函数位于time.h)中。因此使用rand的流程可以总结为：

（1）调用srand(time(NULL))设置随机数种子。

（2）调用rand函数获取一个或一系列随机数。

需要注意的是，srand只需要在所有rand调用前被调用一次即可，没必要调用多次。

程序清单如下：

```
#include <stdio.h>
#include <stdlib.h>
#include <time.h>

#define N 20

int main()
{
    int array[N];

    srand(time(NULL));
    for(int i=0;i<N;i++)
    {
        array[i] = 60+rand()%(205-60+1);
        printf("%5d",array[i]);
        if((i+1)%5==0)
            printf("\n");
    }

    return 0;
}
```

本实验内容结果如图7-3所示，由于本程序中利用了随机数且采用了srand(time(NULL))初始化，所以程序的每次输出是不一样的。

```
  195   83  202   64  120
   74  173  152  105   77
  147   68   87   77  182
   80  205   62  190  103
Press any key to continue
```

图7-3 实验内容3运行结果图

4.【实验内容4】

一个具有12个数组元素的一维整型数组array按照从小到大的顺序排序，array[12] = {12,17,23,29,35,37,41,49,52,53,59,108}。从键盘输入一个整数x，查找x是否在该数组中，若在该数组中，输出x在该数组中的位置，否则输出"不在数组array中"，要求：使用指针表示一维数组元素。

思路提示：该实验内容涉及一维数组和指针之间的关系。一维数组的数组名表示的是该数组中第一个数组元素的存储地址，是一个指针常量，而不是指针变量，因此数组名的值是不能修改的。因此数组元素和数组元素的地址既可使用下标法表示，也可使用指针法来表示。若有以下程序片段：

```
#define N  10
int  array[N];
int *ptr =array;
```

数组元素使用下标法和指针法表示如下：

```
下标法：  array[i]     (0≤i<N)
指针法：  *(array+i)  (0≤i<N)
          *(ptr+i)    (0≤i<N)
          *ptr        (array≤ptr≤array+N-1)
```

数组元素地址使用下标法和指针法表示如下：

```
下标法：   &array[i]   (0≤i<N)
指针法：    array+i    (0≤i<N)
            ptr+i      (0≤i<N)
            ptr        (array≤ptr≤array+N-1)
```

冒泡排序法在实验内容 2 中已经讲过，不再赘述。折半查找法的基本思想是：设 N 个有序数据（从小到大）存放在数组 array[0]至 array[N-1]中，要查找的数据为 x。用变量 bottom、top 和 mid 分别表示查找数据下界、上界和中间位置，mid=(bottom +top) /2，折半查找的算法如下。

（1）x==a[mid]，则已找到退出循环，否则进行下面的判断。

（2）x<a[mid]，x 必定落在 bottom～mid-1 的范围之内，即 top=mid-1。

（3）x>a[mid]，x 必定落在 mid+1～top 的范围之内，即 bottom=mid+1。

（4）在确定了新的查找范围后，重复进行以上比较，直到找到或者 bottom>top。

源程序如下：

```
#include <stdio.h>
#define N 12

int main()
{
    int array[N]={12,17,23,29,35,37,41,49,52,53,59,108};
    int x ;
    int location;
    int bottom = 0;
    int top = N - 1;
    int mid;
    int flag = 0;

    printf("Enter a number:\n");
    scanf("%d",&x);

    while(bottom <= top)
    {
```

```
        mid = (bottom + top)/2;
        if(*(array+mid) == x)
        {
            location = mid;
            flag = 1;
            break;
        }
        else if(*(array+mid) > x)
              top = mid -1;
              else
              bottom = mid + 1;
    }
    if(flag ==0)
        printf("不存在! \n");
    else
        printf("%d 在数组中的位置是: %d\n ",x,location+1);
    return 0;
}
```

当输入 37 时，运行结果如图 7-4 所示。

```
Enter a number:
37
37 在数组中的位置是: 6
 Press any key to continue
```

图 7-4　实验内容 4 运行结果图

5.【实验内容 5】

使用随机函数初始化一个具有 30 个整型数据的一维数组，使每个数组元素的值都在 30 到 690 之间。要求：

（1）编写输出函数，输出该一维数组，每行输出 6 个数组元素；

（2）编写函数，求该一维数组的最大值。

在主函数中调用以上两个函数。

思路提示：一维数组的数组名的值是一个指向该数组第一个元素的指针，当一个一维数组的数组名作为函数参数传递给另外一个函数时，实质上传递的是一份该指针的拷贝。函数通过这个指针拷贝所执行的间接访问操作，就可以修改和调用程序中的数组元素。通常采用实参用数组名，形参用指针变量的形式。例如，

```
int  main()                          定义Output()函数:
{ int array[10];                     void Output (int *p,int n)
  …                                     {
  Output (array,10);                         …
  …
  return 0;                             }
}
```

函数开始执行时，p 指向 array[0]，即 p=&array[0]。通过 p 值的改变，可以指向数组 array 中的任一元素。

该实验内容源程序如下：

```
#include <stdio.h>
#include <stdlib.h>
#include <time.h>

#define N 30

void Output(int *p,int n);
int  maxArray(int *p,int n);

int main()
{
    int array[N];

    srand(time(NULL));
    for(int i=0;i<N;i++)
        array[i] = 30+rand()%(690-30+1);

    Output(array,N);
    printf("the max is %d\n",maxArray(array,N));


    return 0;
}

void Output(int *p,int n)
{
    for(int i=0;i<n;i++)
    {
        printf("%5d",*(p+i));
        if((i+1)%6==0)
        printf("\n");
    }
}

int  maxArray(int *p,int n)
{
    int max=*p;

    for(int i=1;i>n;i++)
        if(*(p+i)<max)
            max=*(p+i);

    return max;
}
```

程序运行结果如图 7-5 所示。

```
 173  552  101  108  328  368
 459  426  526  565  165  339
  71  317  388  404   54  215
 550  505  115  409  423  573
  41  465  489  180  417  473
the max is 573
Press any key to continue_
```

图 7-5 实验内容 5 运行结果图

实验 13 二维数组及其指针运算

一、实验学时

1 学时

二、实验目的和要求

（1）掌握二维数组的定义、初始化方法。
（2）二维数组元素的引用方法。
（3）二维数组与指针。

三、实验内容和操作步骤

1. 二维数组的定义

二维数组的定义形式如下：

```
类型说明符 数组名[常量表达式1][常量表达式2];
```

类型说明符是任一种基本数据类型或构造数据类型。数组名是用户定义的标识符，该标识符遵循用户自定义标识符的命名规则。方括号中的常量表达式为整型常量或者计算的结果为整型数值的表达式。常量表达式 1 设置二维数组的行数，常量表达式 2 设置二维数组的列数。

定义一个 2 行 3 列的整型数组 array，其定义如下：

```
#define R  2
#define C  3
int array[R][C];
```

数组 array 所具有的数据元素为：array[0][0]，array[0][1]，array[0][2]，array[1][0]，array[1][1]，array[1][2]。

2. 二维数组元素的引用形式

同一维数组一样，二维数组也必须先定义再使用。只能逐个引用二维数组中的元素；不能一次引用二维数组中的全部元素。二维数组元素的引用形式为：

```
数组名[行下标][列下标]
```

说明：

（1）下标可以是整型常量或者是表达式。例如：

```
array[1][2],array[2-1][1*1]
```

（2）数组元素可以出现在表达式中，也可以被赋值。例如：

```
array[1][1]=100
array[1][2] == array[0][0]/4;
```

（3）在引用数组元素时，注意下标值必须在定义的数组大小范围内。例如：

```
int matrix[4][5];//是不行的。因为行、列下标超界了。
```

3．二维数组的初始化主要有以下两种

（1）使用初始化列表

编写初始化列表有两种形式：第一种是给出一个长长的初始值列表，例如：

```
int matrix[2][3] ={1,2,3,4,5,6};
```

二维数组的存储顺序是根据最右侧的下标率先变化的原则确定的，所以这条初始化语句等价于下列赋值语句：

```
matrix[0][0] = 1;  matrix[0][1] = 2;  matrix[0][2] = 3;
matrix[1][0] = 4;  matrix[1][1] = 5;  matrix[1][2] = 6;
```

第二种方法是基于二维数组实际上是复杂元素的一维数组这个概念。例如：

```
int two_dim[4][3];
```

可以把 two_dim 看作是包含 4 个元素的一维数组。为了初始化这个包含 4 个元素的一维数组，使用一个包含 4 个初始值的初始化列表：

```
int two_dim[4][3]={■，■，■，■};
```

但是，该数组的每个元素实际上都是包含 3 个元素的整型数组，所以每个■的初始化列表都应该是一个由一对花括号包围的 3 个整型值，将■使用这类列表替换，产生如下代码：

```
int two_dim[4][3]={  {0,1,2},
                     {3,4,5},
                     {6,7,8},
                     {9,10,11}
                  };
```

如果没有花括号，只能在初始化列表中省略最后几个初始值。因为中间元素的初始值不能省略。使用这种方法可以为二维数组中的部分数组元素赋值，每个子初始列表都可以省略尾部的几个初始值，同时每一维初始列表各自都是一个初始化列表。

（2）自动计算数组长度

在二维数组中，只有第一维才能根据初始化列表缺省地提供，第二维必须显示地写出，这样编译器就能推断出第一维的长度。例如：

```
int two_dim[][3]={   {0,1},
                     {3},
                     {},
                     {9,10,11}
                 };
```

编译器只要统计一下初始化列表中所包含的初始值的个数，就能推断出第一维的长度为。

4．二维数组的数组名

二维数组的数组名是一个指向数组的指针。

5. 二维数组的数组名的使用方法

作为函数参数的二维数组的数组名主要有以下 3 种方法：

（1）用二维数组的数组名作为函数的形参或者实参进行数组元素的地址传递；

（2）用行指针变量作为函数的参数；

（3）以二维数组的第一个元素的地址为实参，形参使用指针形式。

相关的实验如下：

1.【实验内容 1】

一个 4 行 4 列的二维数组

12　56　78　96

25　63　91　36

16　53　88　95

77　55　33　66

求该数组主对角线之和。

思路提示： 对于二维数组的处理可使用双重循环来实现，通常内层循环用来控制列，外层循环用来控制行。主对角线上元素的特征是行号和列号相等。

源程序如下：

```
#include <stdio.h>
#define R 4
#define C 4
int main()
{
    int array[R][C]={{12,56,78,96},
                     {25,63,91,36},
                     {16,53,88,95},
                     {77,55,33,66}
                    };
    int sum = 0;

    for(int i=0;i<R;i++)
        for(int j=0;j<C;j++)
            if(i==j)
                sum+=array[i][j];

    printf("sum=%d\n",sum);

    return 0;
}
```

程序运行结果如图 7-6 所示。

```
sum=229
Press any key to continue
```

图 7-6　实验内容 1 屏幕输出结果

2.【实验内容 2】

编写函数，求 N 行 N 列的二维数组中所有元素的最大值，主函数中使用

```
array[4][4]={ {12,56,78,96},
              {25,63,91,36},
              {16,53,88,95},
              {77,55,33,66}
            };
```

进行调用。

思路提示：在 C 语言中，二维数组的存储结构是以行序为主序的线性存储结构，因此可以以二维数组的第一个元素的地址为基准，依次确定每个数组元素的存储位置。假设 R 行 C 列的二维数组 array，则数组元素 array[i][j](0≤i≤R-1，0≤j≤C-1)，以该数组第一个元素的地址为基准，其存储地址为：array[0]+C*i+j，通过间接访问操作，array[i][j]可以表示为：*(array[0]+C*i+j)

源程序如下：

```
#include <stdio.h>
#include <math.h>

#define R 4
#define C 4

int max2D(int *p,int r,int c);
int main()
{
    int array[4][4]={{12,56,78,96},
                     {25,63,91,36},
                     {16,53,88,95},
                     {77,55,33,66}
                     };

    printf("%5d\n",max2D(array[0],R,C));
    return 0;
}

int max2D(int *p,int r,int c)
{
    int max=*p;

    for(int i=0;i<r;i++)
        for(int j=0;j<c;j++)
            if(max<*(p+c*i+j))
                max=*(p+c*i+j);

    return max;
}
```

该实验内容运行结果如图 7-7 所示。

```
    96
Press any key to continue
```

图 7-7　实验内容 2 屏幕输出结果

实验 14　使用内存动态分配实现动态数组

一、实验学时

1 学时

二、实验目的和要求

（1）动态内存分配的步骤。
（2）动态内存分配函数。

三、实验内容和操作步骤

动态内存分配的步骤如下：
（1）了解需要多少内存空间。
最好使用 sizeof()来计算存储块的大小，不要直接写整数，因为不同平台的数据类型所占存储空间的大小可能不相同。
（2）利用 C 提供的动态分配函数来分配所需要的内存空间。
可使用动态存储分配函数 malloc()和分配调整函数 realloc()。
malloc()的调用形式为：
(类型说明符*) malloc (size);
“类型说明符”表示把该区域用于何种数据类型。(类型说明符*)表示把返回值强制转换为该类型指针。“size”是一个无符号数。例如：pc=(char *) malloc (100); 表示分配 100 个字节的内存空间，并强制转换为字符数组类型，函数的返回值为指向该字符数组的指针，把该指针赋予指针变量 pc。通常采用以下方式调用该函数：

```
int size=50;
int *p = (int *)malloc(size*sizeof(int));
if(p==NULL)
{
   printf("Not enough space to allocate!\n");
   exit(-1);
}
```

realloc()的调用形式为：
(类型说明符*) realloc (*(类型说明符),size);
更改以前的存储分配空间。ptr 必须是以前通过动态存储分配得到的指针，参数 size 为现在需要的存储空间的大小。如果调整失败，返回 NULL，同时原来 ptr 指向存储空间的内容不变。如果调整成功，返回一片能存储大小为 size 的存储空间，并保证该空间的内容与原存储空间一致。

（3）使指针指向获得的存储空间，以便用指针在该空间内实施运算或操作；

（4）使用完毕所分配的内存空间后，释放这一空间。

函数原型是：

```
void free(void *ptr)
```

功能：释放 ptr 所指向的一块内存空间，ptr 是一个任意类型的指针变量，它指向被释放区域的首地址。被释放区应是由 malloc 函数所分配的区域。调用形式为：free(ptr);

【实验内容 1】

从键盘输入 N 个整型数据，按照从小到大的顺序对这 N 个数据进行排序，输出排序前后的这 N 个数据。

思路提示：从键盘输入的 N 个数据的个数是不确定的，且需要对这 N 个数据进行排序，因此必须使用动态内存分配的方法将这 N 个数据存放于一个连续空间中，然后使用某种排序算法按照一维数组的处理方法进行排序。

源程序如下：

```
#include <stdio.h>
#include <stdlib.h>

void Output(int *p,int n);
void sortArray(int *p,int n);

int main()
{
    int N;
    printf("Enter N:\n");
    scanf("%d",&N);

    int *ptr=(int *)malloc(sizeof(int));
    if(ptr==NULL)
    {
        printf("Not enough space to allocate!\n");
        exit(-1);
    }

    for(int i=0;i<N;i++)
    {
        printf("Enter NO.%d number:\n",i+1);
        scanf("%d",ptr+i);
    }

    printf("Before sorted:\n");
    Output(ptr,N);

    sortArray(ptr,N);
```

```
    printf("After sorted:\n");
    Output(ptr,N);

    free(ptr);

    return 0;
}

void Output(int *p,int n)
{
    for(int *ptr = p,i=0;i<n;ptr++,i++)
    {
        printf("%5d",*ptr);
        if((i+1)%8==0)
            printf("\n");
    }
    printf("\n");
}

void sortArray(int *p,int n)
{
    int  temp;
    for( int i=0;i<n-1;i++)
        for(int *pt=p;pt<p+n-i-1;pt++)
            if(*pt>*(pt+1))
            {
                temp = *pt;
                *pt = *(pt+1);
                *(pt+1) = temp;
            }

}
```

当输入 5 个数据时，程序运行结果如图 7-8 所示。

```
Enter N:
5
Enter NO.1 number:
45
Enter NO.2 number:
76
Enter NO.3 number:
23
Enter NO.4 number:
12
Enter NO.5 number:
908
Before sorted:
   45   76   23   12  908
After sorted:
   12   23   45   76  908
```

图 7-8　实验内容 1 屏幕输出结果

四、实验报告要求

结合实验准备方案和实验过程记录，总结对一维数组及其指针运算、二维数组及其指针运算以及使用内存动态分配实现动态数组的基本方法，区别一维数组指针与二维数组指针的不同之处。

认真书写实验报告，注意自己在编译过程中出现的错误，分析原因。

第 8 章 字符串与字符数组

C语言中并没有提供字符串数据类型，而是以字符数组的形式来存储和处理字符串。本章主要介绍字符数组的初始化与赋值，字符数组与字符串的输入/输出，字符串处理函数字符指针。

实验 15　字符串与字符数组

一、实验学时

2 学时

二、实验目的和要求

（1）掌握字符串的概念、定义及存储。
（2）掌握字符串的基本操作。
（3）熟悉常用的字符串操作函数。

三、实验内容与操作步骤

1.【实验内容 1】

体会字符串结束标志'\0'的作用。

C语言中以字符数组的形式来存储和处理字符串，有了结束标志'\0'后，在程序中往往依靠检测'\0'的位置来判定字符串是否结束。

实验内容 1 的操作步骤如下。

（1）输入下面的程序并运行，观察程序运行的结果。

```
#include <stdio.h>

int main()
{
    char a[10]={'i',' ','a','m',' ','a',' ','b','o','y'};
```

```
    printf("%s\n",a);      /*字符数组的输出*/

    return 0;
}
```

程序运行结果如图 8-1 所示。

```
i am a boy烫?↑
Press any key to continue
```

图 8-1　运行结果

（2）如果将字符数组 a 的大小改为 11，程序如下：

```
#include <stdio.h>

int main()
{
    char a[11]={'i',' ','a','m',' ','a',' ','b','o','y'};

    printf("%s\n",a);
    return 0;
}
```

再运行程序，结果如图 8-2 所示。

```
i am a boy
Press any key to continue
```

图 8-2　修改后的运行结果

将此次结果与修改前的结果进行比较，发现此次正确输出了字符串。

分析得知有以下两个原因：

① 字符数组初始化时如果仅列出数组的前一部分元素（前 10 个）的初始值，则其余元素（此题中的第 11 个字符）由系统自动置字符'\0'。

② 使用 printf("%s\n",a)输出字符串，根据结束标志'\0'判定字符串结束。而修改前的字符数组中没有结束字符'\0'，所以输出了乱码。

2.【实验内容 2】

练习使用 scanf()函数与 prinf()函数实现字符数组的输入/输出，熟悉字符串函数 strlen()的使用。

scanf()函数将输入的字符保存到字符数组中，遇到空格符或回车符终止输入操作，scanf()函数会自动在字符串后面加'\0'。使用%s 格式控制符，与%s 对应的地址参数应该是一个字符数组名。

printf()函数将依次输出字符串中的每个字符直到遇到字符'\0'，'\0'不会被输出。printf()函数在输出字符串时使用%s 格式控制符，与%s 对应的地址参数必须是字符串第一个字符的地址。

字符串的长度是指从给定的字符串的起始地址开始到第一个'\0'为止。strlen()函数返回字符串中包含的字符个数（不包含'\0'），即字符串的长度。

实验内容 2 的操作步骤如下。

（1）编写一个程序，将字符数组 s2 中的全部字符复制到字符数组 s1 中。要求不用 strcpy()函数，复制时'\0'也要复制过去。

（2）分析：利用 strlen()函数，求出全部字符个数，逐一进行字符的复制，之后要多复制一个'\0'字符，以防使用 printf()函数输出时出错。

（3）实现实验内容 2 的具体程序如下。

```
#include <stdio.h>
#include <string.h>

int main()
{
    char s1[80],s2[80];
    int i;

    printf("Input s2: ");
    scanf("%s",s2);

    for(i=0;i<=strlen(s2);i++)  /*从第一个字符直到结束字符'\0'逐个复制*/
      s1[i]=s2[i];

    printf("s1: %s\n",s1);

return 0;
}
```

程序运行效果如图 8-3 所示。

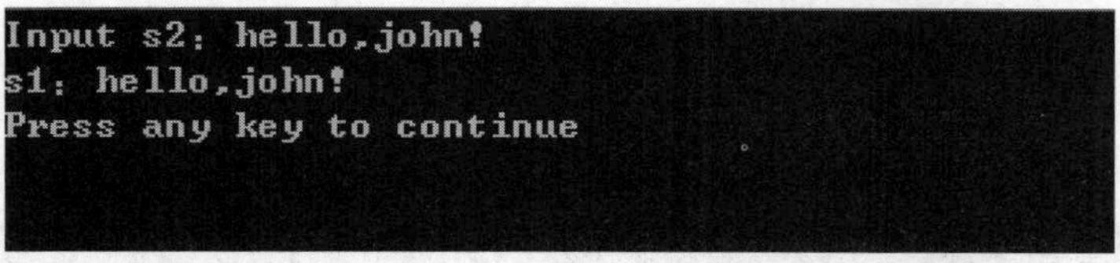

```
Input s2: hello,john!
s1: hello,john!
Press any key to continue
```

图 8-3　运行结果

此题中如果将语句 for(i=0;i<=strlen(s2);i++)改为 for(i=0;i<strlen(s2);i++)则输出时将在最后输出一些乱码，如图 8-4 所示。

```
Input s2: hello,john!
s1: hello,john!烫烫烫烫烫烫烫烫烫烫烫烫烫烫烫
烫烫蘛 ↑
Press any key to continue
```

图 8-4　修改后的运行结果

请分析原因是什么？

3.【实验内容 3】——练习字符数组元素的使用

实验内容 3 的操作步骤如下。

（1）输入一个以回车结束的字符串（有效长度少于 80），将该字符串中的字符重新排列，使原先第 1 个字符出现在最后一位，原先第 2 个字符出现在倒数第 2 位……例如：字符串"abcdef"经重排后变成"fedcba"。

（2）分析：该问题类似于方阵转置，即把特定位置的数组元素进行交换。

（3）实现实验内容 3 的具体程序如下：

```
#include<stdio.h>

int main()
{
    int i,len=0;
    char s[80],temp;

    printf("Input a string(<80):\n");
    gets(s);

    for(i=0;s[i]!='\0';i++)
        len++;
    for(i=0;i<=len/2-1;i++)        /*交换次数为字符总个数的一半*/
    {
        temp=s[i];                 /*借助一个中间变量的三步交换法*/
        s[i]=s[len-1-i];
        s[len-1-i]=temp;
    }
    for(i=0;s[i]!='\0';i++)
        putchar(s[i]);
    printf("\n");

    return 0;
}
```

程序运行效果如图 8-5 所示。

```
Input a string(<80):
Today is monday!
!yadnom si yadoT
Press any key to continue
```

图 8-5 运行结果

思考：如果将此题中交换次数改为所有字符个数，则会出现什么结果？

4.【实验内容 4】——理解整数与整数字符串的不同

整数字符串和整数是不同的，比如"123"是一个字符串，每个元素都是一个数字，但不能进行数值运算，而 123 是一个整数，可以进行数值运算。

两者外观形态相似，本质不同。首先，数据类型不同，其次，在内存中存储的内容也不同，一个是十进制 123 转换后的二进制的值，一个是字符‘1’，‘2’，‘3’的 ASCII 码值。

实验内容 4 的操作步骤如下。

（1）将一个 10 位以内的整数字符串转换为整数输出。如字符串“123”转换为整数 123。

（2）分析：可利用数字字符与字符‘0’的 ASCII 码值之差进行计算。

（3）实现实验内容 4 的具体程序如下。

```
#include <stdio.h>

int main()
{
    char str[10];
    double t=0;
    int i;

    printf("请输入一个数字字符串(<=10 位)");
    gets(str);

    for(i=0;str[i]!='\0';i++)
        t=t*10+(str[i]-'0');  /*利用数字字符与字符‘0’的 ASCII 码值之差*/
    printf("result=%.0f\n",t);

    return 0;
}
```

程序运行结果如图 8-6 所示。

```
请输入一个数字字符串(<=10 位)23569
result=23569
Press any key to continue
```

图 8-6　运行结果

5.【实验内容 5】——二维字符数组的使用

对于字符数组，可以使用 gets()函数将整个字符数组一次输入。

gets()函数接受键盘的输入，将输入的字符串包含空格字符存放在字符数组中，直到遇到回车符时返回。

注意：回车换行符'\n'不会作为有效字符存储到字符数组中，而是转换为字符串结束标志'\0'来存储。

实验内容 5 的操作步骤如下。

（1）有 3 行文字，每行有 80 个字符，统计其中各个英文字母的个数。

（2）分析：可以定义一个长度为 26 的整型数组 num，分别记录 26 个英文字母的个数，比如读入的字母为'a'，则 num[0]++，读入的字母为'b'，则 num[1]++，......

（3）实现实验内容 5 的具体程序如下：

```
#include <stdio.h>
```

```
int main()
{
    char str[3][80],c;
    int cnt[26],i,j;

    for(i=0;i<26;i++)
        cnt[i]=0;
    for(i=0;i<3;i++)
    {
        printf("请输入第%d 行字符:",i+1);
        gets(str[i]);
    }
    for(i=0;i<3;i++)
        for(j=0;str[i][j]!='\0';j++)
        {
            c=str[i][j];
            if(c>='a'&&c<='z')
                cnt[c-'a']++;
            else if(c>='A'&&c<='Z')
                cnt[c-'A']++;
        }

    for(i=0;i<26;i++)
        printf("%c:%d\t",'A'+i,cnt[i]);

    return 0;
}
```

程序运行结果如图 8-7 所示。

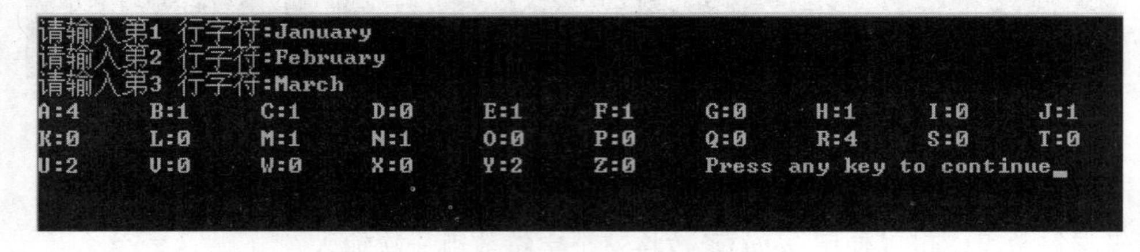

图 8-7　运行结果

6.【实验内容 6】——进制的转换

实验内容 6 的操作步骤如下。

（1）输入一个 8 位二进制字符串 a（由 1 和 0 组成），输出对应的十进制整数。例如，输入二进制字符串“10010011”，输出十进制整数 147。

（2）分析：由于二进制字符串 a 的长度固定为 8，因此定义字符数组 char a[8]即可，每个元素对应一个二进制位；将输入的二进制字符串存入数组 a；二进制数到十进制数的转换采取从前往后带权累加数组 a 各元素对应的数值 a[i]-‘0’。

（3）实现实验内容 6 的具体程序如下。

```
#include<stdio.h>
```

```
int main()
{
    int i,d;
    char ch,a[8];

    printf("Intput 8位二进制字符串:");
    i=0;
    while(i<8)
    {
          ch=getchar();
          if(ch=='0'||ch=='1')
          {
              a[i]=ch;
              i++;
          }
    }
    d=0;
    for(i=0;i<8;i++)
        d=d*2+a[i]-'0';
    printf("digit=%d\n",d);

    return 0;
}
```

程序运行结果如图 8-8 所示。

```
Intput 8位二进制字符串:11010001
digit=209
Press any key to continue
```

图 8-8　运行结果

7.【实验内容 7】——常用的字符串函数练习

实验内容 7 的操作步骤如下。

（1）输入两个字符串，判断第 1 个字符串是否包含第 2 个字符串。

（2）分析：设第 2 个字符串 arr2 长度小于第 1 个字符串 arr1。从第 1 个字符开始，从 arr1 中取出一个字符与 arr2 的第 1 个字符比较，若相同，则从 arr1 中取出与 arr2 长度相等的子字符串放入中间字符数组中，判断该中间字符串与 arr2 是否相等，若不同，则从 arr1 的下一个字符再判断。

（3）参考程序如下。

```
#include<stdio.h>
#include<string.h>
#define MAX 20
```

```
int main()
{
    char arr1[MAX],arr2[MAX],temp[MAX];
    int i,j,k,m,n,flag=0;

    printf("请输入第一组字符串：");
    gets(arr1);
    printf("请输入第二组字符串：");
    gets(arr2);

    m=strlen(arr1);          /*第1个字符串的长度*/
    n=strlen(arr2);          /*第2个字符串的长度*/
    for(i=0;i<m;i++)
    {
        temp[n]='\0';        /*初始化中间字符数组*/
        if(arr1[i]==arr2[0])     /*判断arr1的某个字符与arr2的第1个字符是否相同*/
        {
            k=i;
            for(j=0;j<n;j++,k++)             /*从arr1中取子串*/
                temp[j]=arr1[k];
            if(strcmp(temp,arr2)==0)         /*比较两个字符串是否相同*/
            {
                printf("位置：%d，包含\n",i+1);
                flag=1;        /*相同则变量flag置1*/
                break;         /*退出循环*/
            }
        }
    }
    if(flag==0)
        printf("不包含\n");
return 0;
}
```

程序运行结果如图 8-9 所示。

```
请输入第一组字符串：aabbccddefg
请输入第二组字符串：abbc
位置：2，包含
Press any key to continue
```

图 8-9　运行结果

8.【实验内容 8】——常用的字符串函数练习

实验内容 8 的操作步骤如下。

（1）对从键盘输入的两个字符串进行连接。

（2）方法 1：不调用任何字符串处理函数，包括 strlen()；

```
#include<ctype.h>
```

```
#include<stdio.h>
#include<string.h>

int  main()
{
    char a[100],b[100];
    int i,g,m,n;

    printf("请输入一个字符串,不多于50个。\n");
    gets(a);
    printf("请输入一个字符串,不多于50个。\n");
    gets(b);
    for(i=0;i<100;i++)
    {
        if(a[i]=='\0')
          break;
    }
    g=i;
    for(i=0;i<100;i++)
    {
        if(b[i]=='\0')
        break;
     }
    m=i;
    n=g+m-2;
    for(i=0;i<n;i++)
    {
        a[g+i]=b[i];
    }
    puts(a);

    return 0;
}
```

程序运行结果如图 8-10 所示。

```
请输入一个字符串,不多于50个。
abcdefg
请输入一个字符串,不多于50个。
hijklmnopq
abcdefghijklmnopq
Press any key to continue
```

图 8-10　运行结果

（3）方法 2：使用字符串处理函数。

```
#include<ctype.h>
#include<stdio.h>
#include<string.h>
```

```
int main()
{
    char a[100],b[100];

    printf("请输入一个字符串,不多于50个。\n");
    gets(a);
    printf("请输入一个字符串,不多于50个。\n");
    gets(b);
    puts(strcat(a,b));

    return 0;
}
```

程序运行结果如图 8-11 所示。

```
请输入一个字符串,不多于50个。
abcdefg
请输入一个字符串,不多于50个。
hijklmnopq
abcdefghijklmnopq
Press any key to continue
```

图 8-11　运行结果

四、思考操作内容

实验内容 6 中，如果改为输入一个 4 位长度的十六进制字符串，如"2e3b"，要输出对应的十进制整数，上面的程序需要如何修改？

五、实验报告要求

结合实验准备方案和实验过程记录，总结对字符数组的基本认识和使用字符串函数的应用要点。

第 9 章 结构与联合

本章主要讲述 C 语言的用户自定义类型，包括结构体、联合（共用体）以及用户定义类型名的方法。本章的重点是结构体类型，读者应掌握结构体的声明与引用，结构数组的声明、引用以及初始化。

实验 16　结构与联合

一、实验学时

1 学时

二、实验目的和要求

（1）掌握结构体的声明与引用；
（2）掌握结构数组的声明、引用以及初始化；
（3）了解联合的概念及应用。

三、实验内容和操作步骤

1．结构的声明

结构是一种构造类型，它是由若干“成员”组成的。每一个成员可以是一个基本数据类型或者又是一个构造类型。

定义一个结构的一般形式为：

```
struct 结构名
    {成员表列}
;
```

成员表列由若干个成员组成，每个成员都是该结构的一个组成部分。对每个成员也必须作类型说明，其形式为：

```
类型说明符　成员名;
```

成员名的命名应符合标识符的书写规定。例如：

```
struct stu
{
    int num;
    char name[20];
    char sex;
    float score;
};
```

在这个结构定义中，结构名为 stu，该结构由 4 个成员组成。第一个成员为 num，整型变量；第二个成员为 name，字符数组；第三个成员为 sex，字符变量；第四个成员为 score，实型变量。

2. 结构的引用

引用时应遵循以下规则：

（1）不能将一个结构体变量作为一个整体进行输入和输出。只能对结构体变量中的各个成员分别进行输入和输出。

（2）对结构体变量的成员可以像普通变量一样进行各种运算。

（3）可以引用结构体变量成员的地址，也可以引用结构体变量的地址。

（4）结构体变量的初始化和其他类型变量一样，对结构体变量可以在定义时指定初始值。

3. 结构数组的声明与引用

结构数组声明的方法和结构变量相似，只需说明它为数组类型即可。

例如：

```
struct stu
    {
        int num;
        char *name;
        char sex;
        float score;
}student[5];
```

定义了一个结构数组 student，共有 5 个元素，student [0]～student [4]。每个数组元素都具有 struct stu 的结构形式。

4. 对结构数组可以作初始化赋值

例如：

```
struct stu
    {
        int num;
        char *name;
        char sex;
        float score;
    }student [5]={
                {101,"Li miao","M",45},
                {102,"Zhang ping","M",62.5},
                {103,"He fang","F",92.5},
```

```
                    {104,"Cheng ling","F",87},
                    {105,"Wang ming","M",58}
        };
```

当对全部元素作初始化赋值时，也可不给出数组长度。

5. 联合

“联合”与“结构”有一些相似之处。但两者有本质上的不同。在结构中各成员有各自的内存空间，一个结构变量的总长度是各成员长度之和。而在“联合”中，各成员共享一段内存空间，一个联合变量的长度等于各成员中最长的长度。

相关的实验如下：

1.【实验内容 1】

有两个学生，每个学生的数据包括学号、姓名、计算机基础的成绩，这两个学生的学号和姓名分别为“1001”“Johnly”，“1002”“Rolysa”从键盘输入这两个学生计算机基础的成绩，要求输出这两个学生的学号、姓名、计算机基础成绩以及学生的平均成绩。

思路提示：在本实验中，首先要定义一个结构体，该结构体中包含三个成员，分别表示学号、姓名和计算机基础的成绩，这三个成员的数据类型依次为*char、*char、int，然后声明两个结构体类型的变量，初始化这两个学生的部分数据，从键盘依次输入这两个学生计算机基础的成绩并求得这两个学生的平均成绩。

源程序如下：

```
#include <stdio.h>

struct student
{
    char id[6];
    char name[8];
    int grade;
};

int main()
{
    double avg;

    struct student stu1={"1001","Johnly"};
    struct student stu2={"1002","Rolysa"};

    printf("Enter the first student's grade:\n");
    scanf("%d",&stu1.grade);
    printf("Enter the second student's grade:\n");
    scanf("%d",&stu2.grade);

    avg=(stu1.grade+stu2.grade)/2.0;

    printf("%s  %s  %d\n",stu1.id,stu1.name,stu1.grade);
    printf("%s  %s  %d\n",stu2.id,stu2.name,stu2.grade);
```

```
    printf("average=%.2f\n",avg);

    return 0;
}
```

程序运行结果如图 9-1 所示。

```
Enter the first student's grade:
89
Enter the second student's grade:
94
1001  Johnly  89
1002  Rolysa  94
average=91.50
Press any key to continue
```

图 9-1　实验内容 1 运行结果图

2.【实验内容 2】

有 5 名学生，每名学生的数据包括学号、姓名、三门课的成绩，这 5 名学生的学号和姓名分别为：{160701,Zhang Hong}、{160702, LiHui}、{160703, Yu Lingming}、{160704，Liang Li}和{160705,Song Tao}，从键盘输入 5 名学生的课程成绩，要求打印出学生的学号、姓名和三门课程的成绩和不及格的人次数。

思路提示：本实验内容所涉及的知识点为结构数组的使用，可先声明一个结构，该结构中有学号、姓名和成绩三个成员，而成绩可声明为具有三个元素的一维数组；再声明一个结构数组并对数组的部分元素进行初始化，通过循环结构输入这五个学生三门课程的成绩，同时求得不及格的人次数。最后通过循环输出这五个学生的相关信息。

该实验内容源程序如下：

```
#include <stdio.h>
#define N  5
#define M  3

struct student
{
    char id[8];
    char name[15];
    int  grade[M];
}stu[N]={{"160701","Zhang Hong"},
         {"160702"," Li Huixin"},
         {"160703", "Yu Lingming"},
         {"160704","Liang Li"},
         {"160705","Song Tao"}
        };

int main()
{
    int i,j;
    int cnt = 0;
```

```
    for(i=0;i<N;i++)
    {
        printf("Enter NO.%d students' grades:\n",i+1);
        for(j=0;j<M;j++)
        {
            printf("Enter NO.%d grade:",j+1);
            scanf("%d",&stu[i].grade[j]);
            if(stu[i].grade[j]<60)
                cnt++;
        }
        printf("\n");
    }

    for(i=0;i<N;i++)
    {
        printf("%s\t%s\t",stu[i].id ,stu[i].name);
        for(j=0;j<M;j++)
            printf("%5d",stu[i].grade[j]);
        printf("\n");
    }

    printf("不及格人次数为:%d\n",cnt);
    return  0;
}
```

本实验运行结果如图 9-2 所示。

```
Enter NO.1 students' grades:
Enter NO.1 grade:87
Enter NO.2 grade:76
Enter NO.3 grade:58

Enter NO.2 students' grades:
Enter NO.1 grade:74
Enter NO.2 grade:85
Enter NO.3 grade:88

Enter NO.3 students' grades:
Enter NO.1 grade:45
Enter NO.2 grade:51
Enter NO.3 grade:38

Enter NO.4 students' grades:
Enter NO.1 grade:78
Enter NO.2 grade:86
Enter NO.3 grade:90

Enter NO.5 students' grades:
Enter NO.1 grade:90
Enter NO.2 grade:91
Enter NO.3 grade:89

160701  Zhang Hong         87   76   58
160702   Li Huixin         74   85   88
160703  Yu Lingming        45   51   38
160704  Liang Li           78   86   90
160705  Song Tao           90   91   89
不及格人次数为:4
Press any key to continue
```

图 9-2　实验内容 2 运行结果图

3.【实验内容 3】

设有一个教师与学生通用的表格，教师数据有姓名、年龄、职业、教研室四项。学生有姓名、年龄、职业、班级四项。编程输入人员数据，再以表格输出。

思路提示：本实验内容中学生与教师公共属性为：姓名、年龄和职业三个，对于第四个属性，教师为教研室，学生为班级，因此可使用联合定义。

源程序如下：

```
#include <stdio.h>
#define N 2
struct
      {  char name[10];
         int age;
         int job;//0表示学生，1表示老师
         union
         {  int type;
            char office[10];
         } depa;
      }body[N];
int main()
    {  int i;
       for(i=0;i<N;i++)
       {
         printf("Please input name\n");
         scanf("%s",body[i].name);
         printf("Please input age\n");
         scanf("%d",&body[i].age);
         printf("Please input job\n(0 stand for student,1 stand for
teacher):\n");
         scanf("%d",&body[i].job);
         if(body[i].job==0)
         {
            printf("Please input the class number:\n");
            scanf("%d",&body[i].depa.type);
         }
         else
         {
            printf("Please input the teacher's office:\n");
            scanf("%s",body[i].depa.office);
         }
       }
       printf("name\t age\t job\t class/office\n");
       for(i=0;i<N;i++)
       {
       if(body[i].job==0)
          printf("%s\t%d\t%d\t%d\n",
            body[i].name,body[i].age,body[i].job,body[i].depa.type);
       else
         printf("%s\t%d\t%d\t%s\n",
```

```
        body[i].name,body[i].age,body[i].job,body[i].depa.office);
    }

    return 0;
}
```

本实验内容结果如图 9-3 所示。

```
Please input name
Johney
Please input age
19
Please input job
<0 stand for student,1 stand for teacher>:
0
Please input the class number:
1601
Please input name
Rsoly
Please input age
41
Please input job
<0 stand for student,1 stand for teacher>:
1
Please input the teacher's office:
English01
name      age      job      class/office
Johney  19       0        1601
Rsoly   41       1        English01
Press any key to continue
```

图 9-3　实验内容 3 运行结果图

四、实验报告要求

结合实验准备方案和实验过程记录，总结结构体和结构数组的使用方法，区别结构体与联合的不同之处。

认真书写实验报告，注意自己在编译过程中出现的错误，分析原因。

第10章 文件

本章主要介绍文件的使用，包括文件的打开、读/写和关闭操作，结合选择、循环、数组、函数等相关知识，详细讲述如何利用文件进行数据的输入、输出，掌握使用文件进行数据存储的方法。

实验 17　记录数确定的顺序文件操作

一、实验学时

3 学时

二、实验目的和要求

（1）掌握文件的概念，了解数据在文件中的存储方式。
（2）掌握顺序文件的使用方法。
（3）利用一维数组读取文件中的数据，并对数据进行简单的操作。

三、实验内容和操作步骤

在 C 语言中，对文件的读/写都是通过调用库函数实现的，标准输入/输出函数是通过操作 FILE 类型（stdio.h 中定义的结构类型）的指针实现对文件的存取。在缓冲文件系统中定义了一个“文件指针”，它是由系统定义的结构体类型，并取名为 FILE，也称 FILE 类型指针。通常用 FILE 类型来定义指针变量，通过它来访问结构体变量。定义文件类型指针变量的一般格式为：

```
FILE *变量名;
```

例如：

```
FILE *fp;
```

表示定义了一个指针变量 fp，它是指向 FILE 类型结构体数据的指针变量。

利用标准输入/输出函数进行文件处理的一般步骤为：

（1）打开文件，建立文件指针或文件描述符与外部文件的联系。可使用 fopen()函数打开一个文件，fopen()函数调用形式为：

```
fopen("文件名", "文件操作方式");
```

表示以指定的“文件操作方式”打开“文件名”所指向的文件。文件名要把文件的相关信息准确地描述，即包含文件路径、文件名和文件后缀。当打开的文件存储于当前目录时，文件路径可以省略。文件操作方式通常使用“r”和“w”。“r”表示打开一个文本文件，只能读取其中数据。“w”表示创建并打开一个文本文件，只能向其写入数据。例如要打开 D 盘 student 文件夹中的 grade.dat 文件，可用 fopen("D:\\student\\grade.dat", "r")。如果执行 fopen()函数成功，则将文件的起始地址赋值给指针变量 fp；如果打开文件失败，则将返回值 NULL 赋值给 fp。以上过程可使用以下程序段描述。

```
FILE  *fp;  /*定义一个文件指针变量*/
fp=fopen("D:\\student\\grade.dat","r"); /*文件指针变量fp指向磁盘文件*/
if(fp==NULL)  /*以文件指针变量fp是否为空，来判断文件是否正常打开*/
{
   printf("Can not open file test.txt!\n");
   exit(0);
}
```

（2）通过文件指针或文件描述符进行读/写操作。

对于文件读操作可使用函数 fgetc()、fscanf()、fread()和 getw()；对于文件的写操作可使用函数 fputc()、fprintf()、fwrite()和 putw()。使用最多的是 fscanf()和 fprintf()这两个函数。

fprintf()函数与 printf()函数都是输出函数，只不过输出的位置不同，printf()函数是将数据输出到显示器，而 fprintf()函数是将数据输出到磁盘文件。fprintf()调用形式为：

```
fprintf（文件指针，格式字符串，输出列表项）；
```

例如：

```
int x=53;
FILE *fp;
...
fprintf(fp,"%d",&53);
```

以上程序段是将整型变量 x 按照"%d"的格式输出到 fp 所指向的文件中。

fscanf()函数与 scanf()函数都是输入函数，只不过获取数据的位置不同，scanf()函数是从键盘获取数据，而 fscanf()函数是从磁盘文件获取数据。调用形式为：

```
fscanf（文件指针，格式字符串，输入列表项）；
```

假设 fp 文件中存储的数据为“49”

```
int m;
FILE *fp;
...
fscanf（fp，"%d"，x）；
```

程序执行过程为，将文件中的整数 49 给变量 m。

（3）关闭文件，切断文件指针或文件描述符与外部文件的联系。

在完成一个文件的使用后，应及时使用 fclose()函数关闭该文件，防止文件被误用或数据丢失，同时及时释放内存，减少系统资源的占用。fclose()函数调用形式为：

```
fclose(文件指针变量);
```

例如：

```
FILE  *fp;
fp=fopen("D:\\student\\grade.dat","r");
...
fclose (fp) ;
```

关闭 fp 所指向的文件，同时 fp 不再指向该文件。

相关的实验如下：

1.【实验内容 1】

数据文件 intdata.dat 中存储了 10 个整型数据，将这 10 个整型数据中的偶数输出到 result.dat 中。

思路提示： 通过题目分析可知，该题目使用到两个数据文件 intdata.dat 和 result.dat，intdata.dat 是要读入数据的文件，result.dat 是要写入数据的文件。根据文件操作方法要先定义两个文件指针，使用 fopen()函数分别建立文件指针与数据文件 intdata.dat 和 result.dat 之间的联系；intdata.dat 数据文件有 10 个数据，可用循环通过 fscanf()函数逐一读取数据到一个整型变量中，并对所读取的整数进行判断，如果是偶数，则使用 fprintf()函数将该数据写入 result.dat 中，否则不做处理。当数据读、写完毕，要使用 fclose()函数切断文件指针与这两个数据文件的联系。

数据文件可使用记事本打开，本题所使用的数据文件 intdata.dat 如图 10-1 所示。题目没有给出文件的存储路径，可自行定义，本实验 indata.dat 存储在 D 盘的 grade 文件夹中，如图 10-2 所示。如果 result.dat 文件并不存在，可在程序的执行过程中自动创建，如果没有指定路径，则该文件将在当前目录下；如果要指定到某一特定的文件夹中，必须保证所使用的文件夹一定存在，否则将会产生错误。如将 result.dat 存储在 E 盘的 dataresult 文件夹中，必须确定 dataresult 文件夹一定存在，如图 10-3 所示，这是因为使用 fopen()函数以“w”方式使用文件可以创建文件，但是不能创建文件夹。

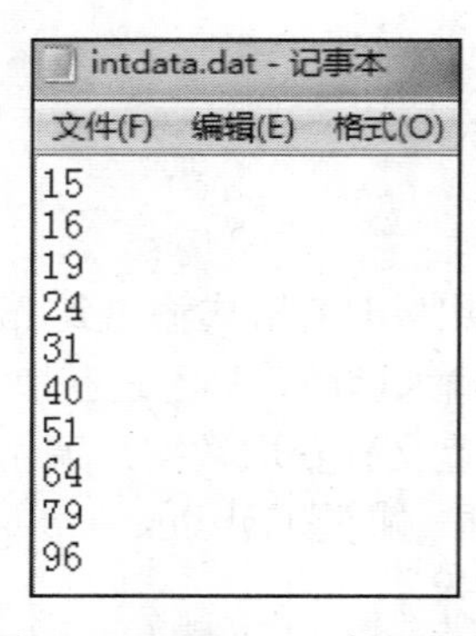

图 10-1 intdata.dat 数据文件

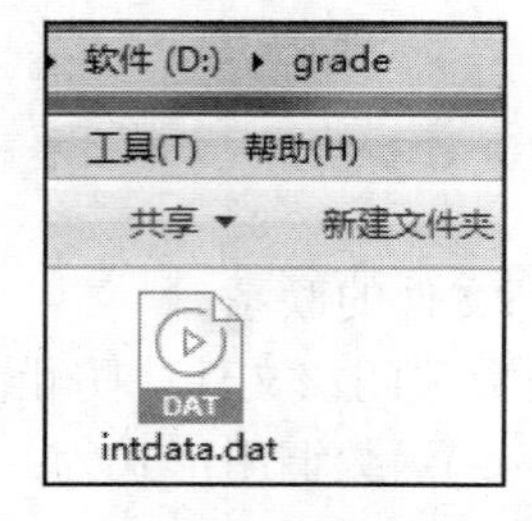

图 10-2 indata.dat 存储位置

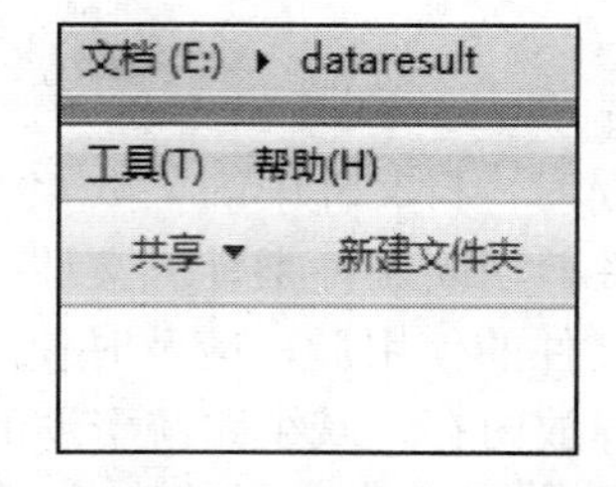

图 10-3 result.dat 存储文件夹

源程序如下：

```
#include <stdio.h>
#include <stdlib.h>
#define N  10

int main()
{
   FILE *fp,*mp;
   fp=fopen("D:\\grade\\intdata.dat","r");
   if(fp==NULL)
   {
      printf("Can not open intdata.dat\n");
      exit(0);
   }

   mp = fopen("E:\\dataresult\\result.dat","w");
   if(mp==NULL)
   {
      printf("Can not open result.dat\n");
      exit(0);
   }

   int x;
   for(int i=0;i<N;i++)
   {
      fscanf(fp,"%d",&x);
      if(x%2==0)
         fprintf(mp,"%d\n",x);
   }


   fclose(fp);
   fclose(mp);
   return 0;
}
```

程序执行后，可在 E 盘的 dataresult 文件夹中看到系统自动生成了数据文件 result.dat，如图 10-4 所示。使用记事本打开 result.dat，该文件中写入的数据即为该实验结果，如图 10-5 所示。

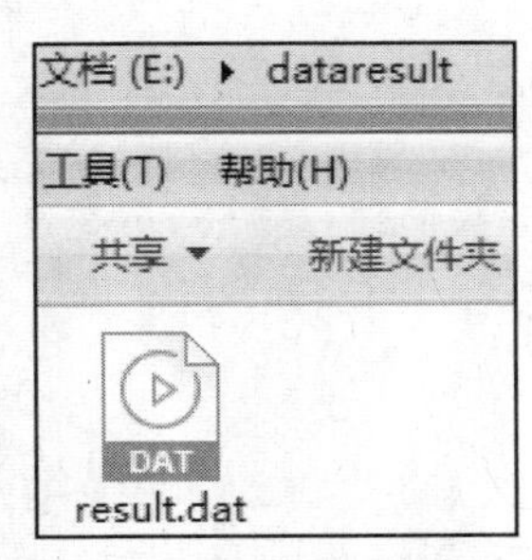

图 10-4　系统生成的数据文件 result.dat

result.dat - 记事本
文件(F) 编辑(E) 格式(O)
16
24
40
64
96

图 10-5　result.dat 写入的数据

2.【实验内容 2】

数据文件 intdata.dat 中存储了 10 个整型数据，将这 10 个整型数据读入到一个一维数组中，并将数组元素为偶数的数据输出到 result.dat 中。

要求：使用函数 FUN()判断一个整数是否是偶数。

思路提示：该实验与实验内容 1 的内容相似，所不同的是需要将数据文件 intdata.dat 中的数据读入到一个一维数组中，使用函数 FUN()判断一个整数是否是偶数。

因数据文件 intdata.dat 中数据个数是已知的，定义一个同样大小的整型数组，使用循环逐一读取即可。

对于函数 FUN()，实验并没有给出参数，在编写程序前，应考虑该函数需要几个参数，每个参数的数据类型是什么，函数是否需要返回值，若需要返回值，返回值的类型又是什么。先考虑函数 FUN()的返回值，该函数用于判断一个整数是否是偶数，其结果要么是，要么不是，可以用 0 表示不是，用 1 表示是，因此 FUN()的返回值为整型数据。因为是对一个整数进行判断，所以参数仅有一个，类型为整型。经分析，FUN()的函数原型为：

```
int FUN(int m);
```

源程序如下：

```
#include <stdio.h>
#include <stdlib.h>
#define N  10

int FUN(int m);

int main()
{
    FILE *fp,*mp;
    fp=fopen("D:\\grade\\intdata.dat","r");
    if(fp==NULL)
    {
        printf("Can not open intdata.dat\n");
        exit(0);
    }

    mp = fopen("E:\\dataresult\\result.dat","w");
    if(mp==NULL)
    {
        printf("Can not open result.dat\n");
        exit(0);
    }

    int array[N];
    for(int i=0;i<N;i++)
    {
        fscanf(fp,"%d",&array[i]);
        if(FUN(array[i]))
            fprintf(mp,"%d\n",array[i]);
    }
```

```
    fclose(fp);
    fclose(mp);
    return 0;
}

int FUN(int m)
{
    if(m%2==0)
    return 1;
    else
    return 0;
}
```

3.【实验内容3】

数据文件intdata.dat中存储了10个整型数据，将这10个整型数据读入到一个一维数组中，并将数组元素为偶数的数据输出到result.dat中。

要求：使用函数FUN()判断一个数是否是偶数，并将该函数放在头文件function.h中以供主函数调用。

思路提示：该实验与实验内容2相似，所不同的是需要函数FUN()在头文件function.h中。在Visual C++6.0中，选择"文件"菜单中的"新建"命令，在弹出的对话框中，选择"文件"标签页中的"C/C++ Header File"，如图10-6所示，在右侧"文件名"中填写function.h，单击"确定"按钮，弹出编辑头文件界面，将实验2中的FUN()复制到此处即可，如图10-7所示。function.h存储在当前文件夹中，因此需要在主函数中使用文件包含命令#include "function.h"。注意：头文件不能单独编译！

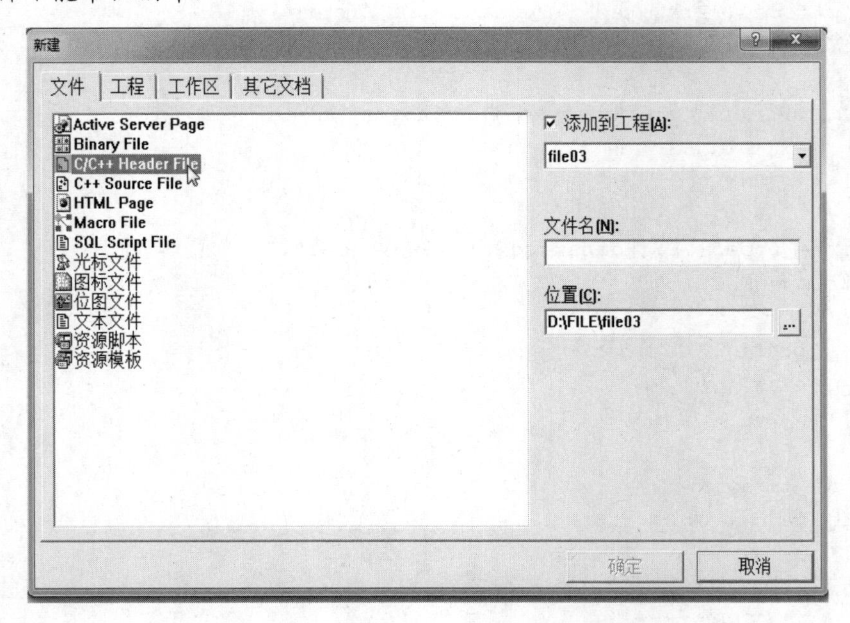

图10-6　Visual C++6.0中创建头文件

```
int FUN(int m)
{
    if(m%2==0)
        return 1;
    else
        return 0;
}
```

图 10-7　实验内容 3 头文件的编辑

程序清单如下：

在头文件“function.h”中的程序如下：

```
int FUN(int m)
{
    if(m%2==0)
        return 1;
    else
        return 0;
}
```

主函数中的程序如下：

```
#include <stdio.h>
#include <stdlib.h>
#include "function.h"
#define N  10

int main()
{
    FILE *fp,*mp;
    fp=fopen("D:\\grade\\intdata.dat","r");
    if(fp==NULL)
    {
        printf("Can not open intdata.dat\n");
        exit(0);
    }

    mp = fopen("E:\\dataresult\\result.dat","w");
    if(mp==NULL)
    {
        printf("Can not open result.dat\n");
        exit(0);
    }

    int array[N];
    for(int i=0;i<N;i++)
    {
        fscanf(fp,"%d",&array[i]);
        if(FUN(array[i]))
            fprintf(mp,"%d\n",array[i]);
    }
```

```
    fclose(fp);
    fclose(mp);
    return 0;
}
```

4.【实验内容 4】

已知 dat1.dat 存放了 20 个整型数据。要求：

（1）用 dat1.dat 中的数据读入到数组 int array[20]中，并在屏幕上输出（每行 10 个元素）。

（2）使用函数

```
void sort(int *p,int num)
{
}
```

对数组 array 按照由小到大的顺序进行排序。把该函数放在头文件 ISort.h 中以便在主函数中调用该函数。

（3）把排序后的数组元素进行输出，每行输出 5 个（在屏幕上和数据文件 E:\dat6.dat 中同时输出）。

思路提示：该实验中用到两个数据文件，需要定义两个文件类型的指针，建立文件指针和数据文件的联系。由于数据文件 dat1.dat 中的数据个数已知（如图 10-8 所示），定义相同大小的数组，使用循环逐一读取文件中的数据到数组中。

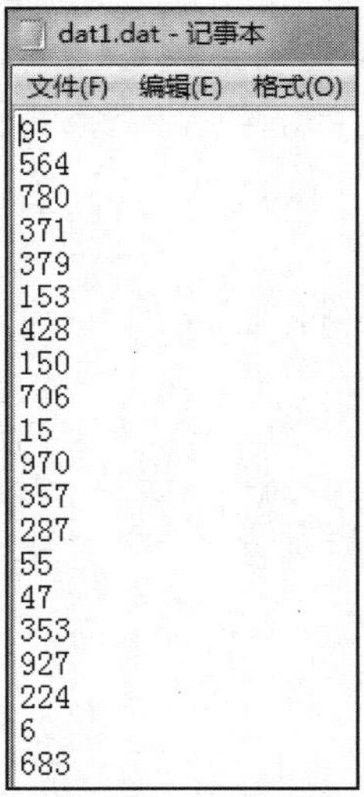

```
dat1.dat - 记事本
文件(F)  编辑(E)  格式(O)
95
564
780
371
379
153
428
150
706
15
970
357
287
55
47
353
927
224
6
683
```

图 10-8　dat1.dat 中的数据

在头文件中实现排序，在前面章节中已学过多种，本实验应用冒泡排序算法。在主函数中使用文件包含将头文件 ISort.h 进行包含，以便正确使用函数 sort()。

排序后的结果要使用 printf()在屏幕上显示，使用 fprintf()将结束写入文件 dat6.dat 中。数据文件使用完毕，用函数 fclose()切断文件指针与数据文件的联系。

程序清单如下：

ISort.h 中的源程序：

```
void sort(int *p,int n)
{
```

```
        int  temp;
        for( int i=0;i<n-1;i++)
            for(int *pt=p;pt<p+n-i-1;pt++)
                    if(*pt>*(pt+1))
                    {
                      temp = *pt;
                      *pt = *(pt+1);
                      *(pt+1) = temp;
                    }

    }
```

主函数中的源程序：

```
    #include <stdio.h>
    #include <stdlib.h>
    #include "ISort.h"
    #define N  20

    int main()
    {
        FILE *fp,*mp;
        fp=fopen("D:\\dat1.dat","r");
        if(fp==NULL)
        {
            printf("Can not open dat1.dat\n");
            exit(0);
        }

        mp = fopen("E:\\dat6.dat","w");
        if(mp==NULL)
        {
            printf("Can not open dat6.dat\n");
            exit(0);
        }

        int array[N];
        for(int i=0;i<N;i++)
            fscanf(fp,"%d",&array[i]);

        sort(array,N);

        for(i=0;i<N;i++)
        {
            fprintf(mp,"%6d",array[i]);
            printf("%6d",array[i]);
            if((i+1)%5==0)
            {
                fprintf(mp,"\n");
                printf("\n");
```

```
            }
        }

        fclose(fp);
        fclose(mp);
        return 0;
    }
```

程序运行后，屏幕结果如图10-9所示。

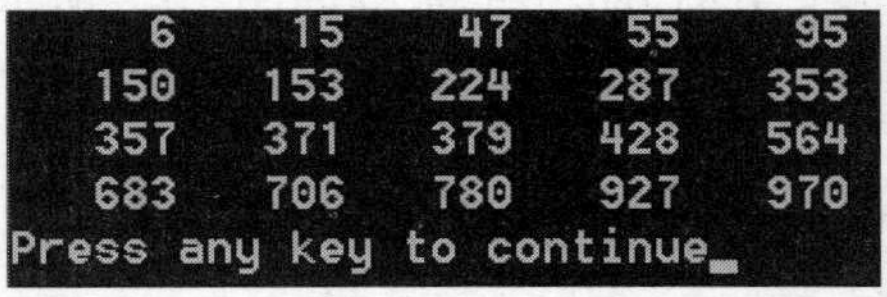

```
    6    15    47    55    95
  150   153   224   287   353
  357   371   379   428   564
  683   706   780   927   970
Press any key to continue_
```

图10-9　实验内容4运行结果图

所写入数据的dat6.dat文件中以每行5列形式存储，如图10-10所示。

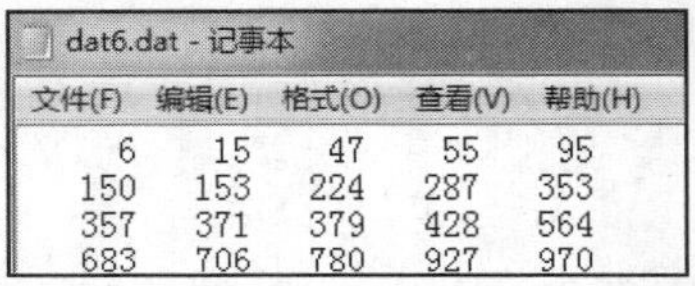

```
dat6.dat - 记事本
文件(F) 编辑(E) 格式(O) 查看(V) 帮助(H)
    6    15    47    55    95
  150   153   224   287   353
  357   371   379   428   564
  683   706   780   927   970
```

图10-10　dat6.dat中输出的数据

实验18　记录数不确定的顺序文件操作

一、实验学时

1学时

二、实验目的和要求

（1）掌握顺序文件的操作步骤。

（2）使用内存动态分配实现动态数组的方法读取记录数不确定的顺序文件中的数据。

三、实验内容和操作步骤

若要读取记录数不确定的顺序文件中的数据，所涉及的动态内存函数有以下3个：

（1）动态存储分配函数malloc();

（2）分配调整函数realloc();

（3）动态存储释放函数free();

所涉及的文件函数有：feof(文件指针)，其功能是检测流上的文件结束符，如果文件结束，则返回非0值，否则返回0。

先使用malloc()函数动态分配一个文件数据类型的连续空间，将数据文件中的第一个数据读入到该连续空间中，根据 feof()函数是否为 0 判断是否到文件的结束。如果没有到文件结束，则使用 realloc()函数调整分配的存储空间。待数据使用结束使用 free()函数释放动态分配空间。

相关的实验如下：

1.【实验内容 1】

dat1.dat 存放的是一系列整型数据，求 dat1.dat 中的最大的一个数并显示在屏幕上，并且将最小的一个数输出到 dat6.dat 中。dat1.dat 中的数据如图 10-8 所示。

源程序如下：

```
#include <stdio.h>
#include <stdlib.h>


int main()
{
    FILE *fp,*mp;
    fp=fopen("D:\\dat1.dat","r");
    if(fp==NULL)
    {
        printf("Can not open dat1.dat\n");
        exit(0);
    }

    mp = fopen("E:\\dat6.dat","w");
    if(mp==NULL)
    {
        printf("Can not open dat6.dat\n");
        exit(0);
    }

    int cnt =0;
    int *p=(int *)malloc(sizeof(int));
    while(!feof(fp))
    {
       fscanf(fp,"%d",p+cnt);
       cnt++;
       int *ptr=(int *)realloc(p,sizeof(int)*(cnt+1));
       p=ptr;
    }

    int max,min;
    max=min=*p;
    for(int i=0;i<cnt;i++)
    {
        if(max<*(p+i))
            max=*(p+i);
        if(min>*(p+i))
```

```
            min=*(p+i);
        }

        printf("the max number is :%d\n",max);
        fprintf(mp,"the min number is :%d\n",min);


        fclose(fp);
        fclose(mp);
        free(p);
        return 0;
    }
```

该实验屏幕输出结果如图 10-11 所示。写入数据文件的结果如图 10-12 所示。

```
the max number is :970
Press any key to continue
```

图 10-11　实验内容 1 屏幕输出结果

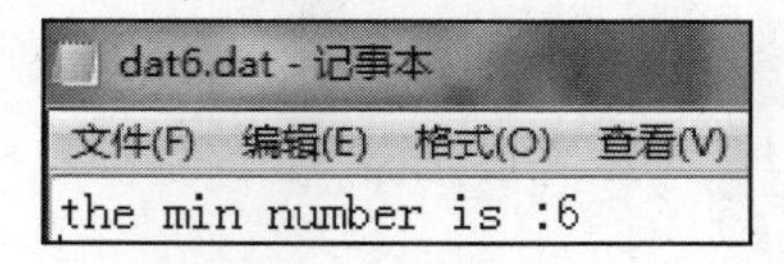

图 10-12　实验内容 1 数据文件写入结果

2.【实验内容 2】

dat1.dat 存放的是一系列整型数据，求 dat1.dat 中的最大两个数的平方和（先求每个数的平方再求和），求得的和显示在屏幕上，并且将排序后的数组与所求得的结果输出到 dat6.dat 中。提示：先对 dat1.dat 中的数据进行排序，然后再进行计算。要求：

（1）使用函数

```
float intSumMax(int *p,int num)
{
//实现排序和求值
}
```

来实现，并把该函数放在头文件 ISmax.h 中以便在主函数中调用。

（2）主函数中使用的数组使用动态数组来创建。

（3）dat6.dat 在程序的执行过程中创建。

思路提示：本实验依然是记录数不确定的情况，要使用动态内存函数。相对实验内容 1，本实验又综合了函数、头文件等内容，可结合实验 1 的实验内容 4 综合处理。

程序清单如下：

头文件 ISmax.h 源程序如下：

```
#include <math.h>
float intSumMax(int *p,int num)
{
    int i,*v=p,temp;
    for(i=0;i<num;i++)
    {
        for(v=p;v<p+num-1-i;v++)
            if(*v<*(v+1))
            {
                temp = *v;
```

```
                *v = *(v+1);
                *(v+1) = temp;
            }

        }
        float sum =(float)(pow(*v,2)+pow(*(v+1),2));
        return sum;
    }
```

主函数源程序如下：

```
#include <stdio.h>
#include <stdlib.h>
#include <malloc.h>
#include "ISmax.h"

int main()
{

    FILE *fp,*mp;
    fp = fopen("D:\\dat1.dat","r");
    if(fp==NULL)
    {
        printf("Can not read data from file dat1.dat!\n");
        exit(1);
    }
    mp = fopen("dat6.dat","w");
    if(mp==NULL)
    {
        printf("Can not write data to file dat6.dat!\n");
        exit(1);
    }

    int cnt =0;
    int *p=(int *)malloc(sizeof(int));
    if(p==NULL)
    {
        printf("Can not allocate enough memory!\n");
        exit(0);
    }
    while(!feof(fp))
    {
       fscanf(fp,"%d",p+cnt);
       cnt++;
       int *ptr=(int *)realloc(p,sizeof(int)*(cnt+1));
       if(ptr==NULL)
       {
           printf("Can not allocate enough memory!\n");
           exit(0);
       }
```

```
        p=ptr;
    }


    float sum = intSumMax(p,cnt);

    for(int i=0;i<cnt;i++)
        fprintf(mp,"%d\n",*(p+i));

    fprintf(mp,"The sum=%.0f\n",sum);
    printf("result = %.0f\n",sum);

    fclose(fp);
    fclose(mp);
    free(p);

    return 0;
}
```

该实验屏幕输出结果如图 10-13 所示。写入数据文件的结果如图 10-14 所示。

```
result = 1800229
Press any key to continue
```

图 10-13　实验内容 2 屏幕输出结果

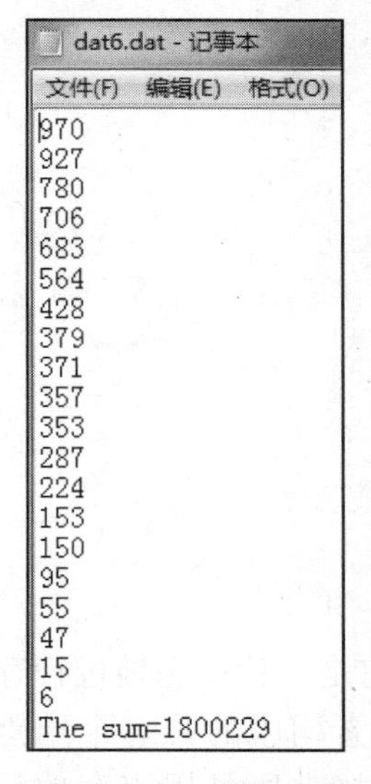

图 10-14　实验内容 2 数据文件写入结果

四、实验报告要求

结合实验准备方案和实验过程记录，总结对数据文件的基本认识和对数据文件操作的基本方法，区别记录数确定的顺序文件操作和记录数不确定的顺序文件操作的不同之处。

认真书写实验报告，注意自己在编译过程中出现的错误，分析原因。

第 11 章 指针与链表

本章主要讲述C语言的单向链表和双向链表的基本操作：链表的建立、输出、删除、插入和存储操作。链表的操作涉及结构体、内存动态分配等相关知识。

实验 19　单向链表的基本操作

一、实验学时

3 学时

二、实验目的和要求

（1）链表的概念；
（2）单向链表的数据结构；
（3）单向链表的基本操作。

三、实验内容和操作步骤

1．链表的基本概念

链表是一种常用的数据结构。它是一种动态地进行存储分配的数据结构。

链表是由若干个称为结点的元素构成的。每个结点包含有数据字段和链接字段。数字字段是用来存放结点的数据项；链接字段是用来存放该结点指向另一结点的指针。每个链表都有一个“头指针”，它是存放该链表的起始地址，即指向该链表的起始结点，它是识别链表的标志，对某个链表进行操作，首先要知道该链表的头指针。链表的最后一个结点，称为“表尾”，它不再指向任何后继结点，表示链表的结束，该结点中链接字段指向后继结点的指针存放 NULL。

链表可分为单向链表和双向链表。两者的区别仅在于结点的链接字段中，单向链表仅有一个指向后继结点的指针，而双向链表有两个指针，一个指向后继结点，另一个指向前驱结点。

2．单向链表的数据结构

如果一单向链表的数据域存储了一个整数，则该单向链表可定义为：

```
struct  slink{
                int  data;
                struct slink *next;
             };
```

3．单向链表的操作

常用的链表操作有如下 6 种：

（1）链表的建立。

链表建立是根据链表结点的结构和给定的数据生成链表结点，并把结点链接起来。

（2）链表的输出。

链表的输出是将一个已建立好的链表中各个结点的数据字段部分地或全部地输出显示。

（3）链表的删除。

链表的删除是指从已知链表中按指定关键字段删除一个或若干个结点。

（4）链表的插入。

链表的插入是指将一个已知结点插入到已知链表中。插入时要指出按结点中哪一个数据字段进行插入，插入前一般要对已知链表按插入的数据字段进行排序。

（5）链表的存储。

该操作是将一个已知的链表存储到磁盘文件中进行保存。

（6）链表的装入。

该操作是将已存放在磁盘中的链表文件装入到内存中。

相关的实验如下：

1.【实验内容 1】

某一单向链表数据域存储姓名，其结构如下：

```
typedef  struct  node
{
   char name[20];
   struct node *next;
}stud;
```

使用该结构，从键盘输入 5 个人的姓名并在屏幕上显示。

思路提示：本实验内容中给出了单向链表的结构，创建该链表需要使用动态内存分配的 malloc()和 free()函数。首先创建头结点，使其数据域为空；可用 h 指向头结点，c 指向当前结点，p 指向当前结点的下一个结点，遍历单向链表结束条件为：p->next= =NULL。

源程序如下：

```
#include <stdio.h>
#include <stdlib.h>
#include <malloc.h>

#define N 5

typedef struct node
```

```
    {
        char name[20];
        struct node *next;
    }stud;

    stud * create(int n) /*建立单链表的函数，形参n为人数*/
    {
        stud *p,*h,*c; /* *h保存表头结点的指针，*p指向当前结点的前一个结点，*c指向当前
结点*/
        int i; /*计数器*/

        h=(stud *)malloc(sizeof(stud));
        if(h==NULL) /*分配空间并检测*/
        {
            printf("不能分配内存空间!");
            exit(0);
        }

        h->name[0]='\0'; /*把表头结点的数据域置空*/
        h->next=NULL; /*把表头结点的链域置空*/
        p=h; /*p指向表头结点*/

        for(i=0;i<n;i++)
        {
            c= (stud *) malloc(sizeof(stud));
            if(c==NULL) /*分配新存储空间并检测*/
            {
                printf("不能分配内存空间!");
                exit(0);
            }

            p->next=c; /*把c的地址赋给p所指向的结点的链域，这样就把p和c所指向的结点连接
起来了*/
            printf("请输入第%d个人的姓名",i+1);
            scanf("%s",c->name); /*在当前结点s的数据域中存储姓名*/
            c->next=NULL;
            p=c;
        }
        return(h);
        }

    void print(stud *h)
    {
        stud *p;

        p=h->next;
        printf("数据信息为：\n");
        while(p!=NULL)
```

```
    {
        printf("%s\n",&*(p->name));
        p=p->next;
    }
}
void freeh(stud *h)
{
    stud *p;
    p=h;
    while(p)
    {
        p=h->next;
        printf("free %s\n",h->name);
        free(h);
        h=p;
    }
}


int main()
{
    int number;                 /*保存人数的变量*/
    stud *head;                 /*head是保存单链表的表头结点地址的指针*/

    number=N;
    head=create(number);  /*把所新建的单链表表头地址赋给head*/

    print(head);

    freeh(head);
    return 0;
}
```

运行结果如图 11-1 所示。

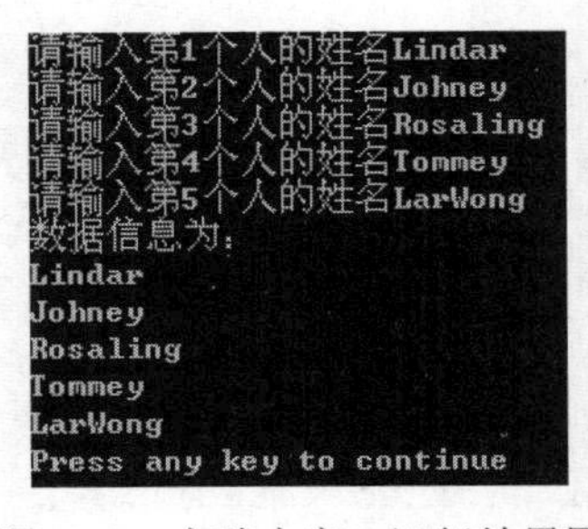

图 11-1　实验内容 1 运行结果图

2.【实验内容 2】

某一单向链表数据域存储姓名，其结构如下：

```
typedef struct node
{
```

```
    char name[20];
    struct node *next;
}stud;
```

使用该结构，从键盘输入 10 个人的姓名，实现创建新链表、查询姓名、删除姓名、插入姓名和打印姓名的操作。

思路提示：本实验内容是单向链表的综合实验，可以把创建链表、查询姓名、删除姓名、插入姓名和删除姓名写成 5 个函数，在主函数中调用这 5 个函数。在主函数中编写字符界面，通过输入选择不同的功能。

该实验内容源程序如下：

```
#include <stdio.h>
#include <stdlib.h>
#include <malloc.h>
#include <string.h>
#include <conio.h>

#define N 10

typedef struct node
{
    char name[20];
    struct node *next;
}stud;

stud * create(int n)
{
    stud *p,*h,*s;
    int i;

    h=(stud *)malloc(sizeof(stud));
    if(h==NULL)
    {
        printf("不能分配内存空间!");
        exit(0);
    }

    h->name[0]='\0';
    h->next=NULL;
    p=h;
    for(i=0;i<n;i++)
    {
        s= (stud *) malloc(sizeof(stud));
        if(s==NULL)
        {
            printf("不能分配内存空间!");
            exit(0);
        }
        p->next=s;
```

```
        printf("请输入第%d个人的姓名",i+1);
        scanf("%s",s->name);
        s->next=NULL;
        p=s;
    }
    return(h);
}

stud * search(stud *h,char *x)
{
    stud *p;
    char *y;
    p=h->next;

    while(p!=NULL)
    {
        y=p->name;
        if(strcmp(y,x)==0)
            return(p);
        else
            p=p->next;
    }

    if(p==NULL)
        printf("没有查找到该数据!");
}

stud * search2(stud *h,char *x)
{
    stud *p,*s;
    char *y;

    p=h->next;
    s=h;

    while(p!=NULL)
    {
        y=p->name;
        if(strcmp(y,x)==0)
            return(s);
        else
            {
                p=p->next;
                s=s->next;
            }
    }
    if(p==NULL)
        printf("没有查找到该数据!");
}
```

```
void insert(stud *p)
{
    char stuname[20];
    stud *s;

    s= (stud *) malloc(sizeof(stud));
    if(s==NULL)
    {
        printf("不能分配内存空间!");
        exit(0);
    }

    printf("\n请输入你要插入的人的姓名:");
    scanf("%s",stuname);
    strcpy(s->name,stuname);
    s->next=p->next;
    p->next=s;
}

void del(stud *x,stud *y)
{
    stud *s;

    s=y;
    x->next=y->next;
    free(s);
}

void print(stud *h)
{
    stud *p;

    p=h->next;
    printf("数据信息为: \n");
    while(p!=NULL)
    {
        printf("%s \n",p->name));
        p=p->next;
    }
}

void quit()
{
    exit(0);
}

void menu(void)
{
```

```
system("cls");
printf("\t\t\t单链表C语言实现实例\n");
printf("\t\t|——————————————|\n");
printf("\t\t| |\n");
printf("\t\t| [1] 建 立 新 表 |\n");
printf("\t\t| [2] 查 找 数 据 |\n");
printf("\t\t| [3] 插 入 数 据 |\n");
printf("\t\t| [4] 删 除 数 据 |\n");
printf("\t\t| [5] 打 印 数 据 |\n");
printf("\t\t| [6] 退 出 |\n");
printf("\t\t| |\n");
printf("\t\t| 如未建立新表，请先建立！ |\n");
printf("\t\t| |\n");
printf("\t\t|——————————————|\n");
printf("\t\t 请输入你的选项(1-6):");
}

    int main()
    {
    int choose;
    stud *head,*searchpoint,*forepoint;
    char fullname[20];


    while(1)
    {
        menu();
        scanf("%d",&choose);
        switch(choose)
        {
        case 1:
                head=create(N);
                break;
        case 2:
                printf("输入你所要查找的人的姓名:");
                scanf("%s",fullname);
                searchpoint=search(head,fullname);
                printf("你所查找的人的姓名为:%s",*&searchpoint->name);
                printf("\n按回车键回到主菜单。");
                getchar();
                getchar();
                break;
        case 3:
                printf("输入你要在哪个人后面插入:");
                scanf("%s",fullname);
                searchpoint=search(head,fullname);
                printf("你所查找的人的姓名为:%s",*&searchpoint->name);
                insert(searchpoint);
                print(head);
```

```
                printf("\n按回车键回到主菜单。");
                getchar();
                getchar();
                break;
        case 4:
                print(head);
                printf("\n输入你所要删除的人的姓名:");
                scanf("%s",fullname);
                searchpoint=search(head,fullname);
                forepoint=search2(head,fullname);
                del(forepoint,searchpoint);
                break;
        case 5:
                print(head);
                printf("\n按回车键回到主菜单。");
                getchar();
                getchar();
                break;
        case 6:
                quit();
                break;
        default:
                printf("你输入了非法字符!按回车键回到主菜单。");
                system("cls");
                menu();
                getchar();
      }
    }
    return 0;
}
```

当输入 1 时，创建新表，运行结果如图 11-2 所示；当输入 2 时，查找数据，运行结果如图 11-3 所示；当输入 3 时，在某一数据后插入数据，运行结果如图 11-4 所示；当输入 4 时，删除数据，运行结果如图 11-5 所示；当输入 5 时，打印数据，运行结果如图 11-6 所示。

图 11-2　实验内容 2 创建新表运行结果图

```
                      单链表c语言实现实例
                |------------------------------------|
                | |
                | [1] 建 立 新 表 |
                | [2] 查 找 数 据 |
                | [3] 插 入 数 据 |
                | [4] 删 除 数 据 |
                | [5] 打 印 数 据 |
                | [6] 退 出 |
                | |
                | 如未建立新表，请先建立！ |
                | |
                |------------------------------------|
                请输入你的选项<1-6>:2
输入你所要查找的人的姓名:Feeling
你所查找的人的姓名为:Feeling
按回车键回到主菜单。
```

图 11-3　实验内容 2 查找数据运行结果图

```
                      单链表c语言实现实例
                |------------------------------------|
                | |
                | [1] 建 立 新 表 |
                | [2] 查 找 数 据 |
                | [3] 插 入 数 据 |
                | [4] 删 除 数 据 |
                | [5] 打 印 数 据 |
                | [6] 退 出 |
                | |
                | 如未建立新表，请先建立！ |
                | |
                |------------------------------------|
                请输入你的选项<1-6>:3
输入你要在哪个人后面插入:FarMing
你所查找的人的姓名为:FarMing
请输入你要插入的人的姓名:Selected
数据信息为:
Johny
Lindar
FarMing
Selected
Rolisar
Justing
Neffco
Wangli
JiangHua
Feeling
Gowindy

按回车键回到主菜单。
```

图 11-4　实验内容 2 插入数据运行结果图

```
                      单链表c语言实现实例
                |------------------------------------|
                | |
                | [1] 建 立 新 表 |
                | [2] 查 找 数 据 |
                | [3] 插 入 数 据 |
                | [4] 删 除 数 据 |
                | [5] 打 印 数 据 |
                | [6] 退 出 |
                | |
                | 如未建立新表，请先建立！ |
                | |
                |------------------------------------|
                请输入你的选项<1-6>:4
数据信息为:
Johny
Lindar
FarMing
Selected
Rolisar
Justing
Neffco
Wangli
JiangHua
Feeling
Gowindy

输入你所要删除的人的姓名:Justing
```

图 11-5　实验内容 2 删除数据运行结果图

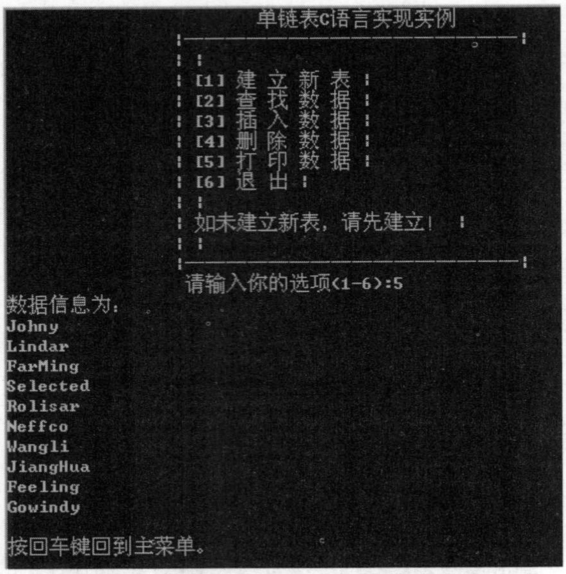

```
                 单链表c语言实现实例
           |------------------------------|
           | |
           | [1] 建 立 新 表 |
           | [2] 查 找 数 据 |
           | [3] 插 入 数 据 |
           | [4] 删 除 数 据 |
           | [5] 打 印 数 据 |
           | [6] 退 出 |
           | |
           | 如未建立新表，请先建立！ |
           | |
           |------------------------------|
            请输入你的选项(1-6):5
数据信息为：
Johny
Lindar
FarMing
Selected
Rolisar
Neffco
Wangli
JiangHua
Feeling
Gowindy

按回车键回到主菜单。
```

图 11-6　实验内容 2 打印数据运行结果图

实验 20　双向链表的基本操作

一、实验学时

1 学时

二、实验目的和要求

（1）掌握双向链表的数据结构；

（2）了解双向链表的基本操作。

三、实验内容和操作步骤

1. 双向链表的数据结构

如果某一双向链表存储了一个学生的学号、姓名和 2 门课程的成绩，则该双向链表可定义为：

```
struct  dlink{
            char  id[8];
            char  name[10];
            int  grade[2];
            struct  dlink  *prior;
            struct  dlink  *next;
          };
```

2. 双向链表的操作

双向链表的基本操作同单向链表一样，主要有链表的建立、链表的输出、链表的删除、链表的插入、链表的存储和链表的装入。

相关的实验如下：

1.【实验内容 1】

某一双向链表数据域存储姓名，其结构如下：

```
typedef struct node
{
    char name[20];
    struct node *prior,*next;
}stud;
```

使用该结构，从键盘输入 5 个人的姓名，查找某人是否在名单中，在屏幕上显示所有人的姓名。

思路提示：本实验内容中给出了双向链表的结构，创建该链表需要使用动态内存分配的 malloc()和 free()函数。首先创建头结点，使其数据域为空，前驱结点也为空；可用 h 指向头结点，c 指向当前结点，p 指向当前结点的下一个结点。

源程序如下：

```
#include <stdio.h>
#include <stdlib.h>
#include <malloc.h>
#include <string.h>
#define N 5

typedef struct node
{
    char name[20];
    struct node *prior,*next;
}stud;

stud * create(int n)
{
    stud *p,*h,*s;
    int i;
    h=(stud *)malloc(sizeof(stud));
    if(h==NULL)
    {
        printf("不能分配内存空间!\n");
        exit(0);
    }

    h->name[0]='\0';
    h->prior=NULL;
    h->next=NULL;
    p=h;
```

```
        for(i=0;i<n;i++)
          {
          s= (stud *) malloc(sizeof(stud));
          if(s==NULL)
          {
              printf("不能分配内存空间!\n");
              exit(0);
          }

          p->next=s;
          printf("请输入第%d个人的姓名",i+1);

          scanf("%s",s->name);
          s->prior=p;
          s->next=NULL;
          p=s;
    }
       h->prior=s;
       p->next=h;
       return(h);
    }

    stud * search(stud *h,char *x)
    {
       stud *p;
       char *y;
       p=h->next;
       while(p!=h)
       {
          y=p->name;
          if(strcmp(y,x)==0)
             return(p);
          else
             p=p->next;
       }
       printf("没有查找到该数据!\n");
    }

    void print(stud *h)
    {
       stud *p;
       p=h->next;
       printf("数据信息为: \n");
       while(p!=h)
       {
          printf("%s\n",&*(p->name));
          p=p->next;
       }
```

```
    printf("\n");
}

int main()
{
    int number;
    char studname[20];
    stud *head,*searchpoint;

    number=N;
    system("cls");

    head=create(number);
    print(head);

    printf("请输入你要查找的人的姓名:");
    scanf("%s",studname);
    searchpoint=search(head,studname);
    printf("你所要查找的人的姓名是:%s\n",searchpoint->name);

    return 0;
}
```

实验内容 1 的运行结果如图 11-7 所示。

```
请输入第1个人的姓名Zhangming
请输入第2个人的姓名Wanggang
请输入第3个人的姓名Lijie
请输入第4个人的姓名Zhaoxiaoming
请输入第5个人的姓名Qinyingying
数据信息为:
Zhangming
Wanggang
Lijie
Zhaoxiaoming
Qinyingying

请输入你要查找的人的姓名:Zhaoxiaoming
你所要查找的人的姓名是:Zhaoxiaoming
Press any key to continue
```

图 11-7　实验内容 1 运行结果图

四、实验报告要求

结合实验准备方案和实验过程记录，总结单向链表和双向链表的使用方法，区别单向链表和双向链表的不同之处。

认真书写实验报告，注意自己在编译过程中出现的错误，分析原因。

第12章 位运算

位运算是C语言有别于其他高级语言的一种强大的运算，它使得C语言具有了某些低级语言的功能，使程序可以进行二进制的运算，它能直接对计算机的硬件进行操作，因而它具有广泛的用途和很强的生命力。

实验21　位运算

一、实验学时

1学时

二、实验目的和要求

（1）掌握按位运算的概念和方法，能使用位运算符。
（2）掌握通过位运算实现对某些位的操作。

三、实验内容和操作步骤

1. 字节与位

二进制数系统中，位简记为b,也称为比特，每个0或1就是一个位(bit)，位是数据存储的最小单位。字节(Byte)是计算机信息存储的最小单位，1个字节等于8位二进制。

2. 按位“与”运算符“&”

运算规则：参与运算的两个数各对应的二进制位相“与”，也就是说只有对应的两个二进制位均为1时，结果位才为1，否则为0。即：0&0=0，0&1=0，1&0=0，l&1=1。

3. 按位“或”运算符“|”

运算规则：参与运算的两个数对应的二进制位相“或”，也就是说只有对应的两个二进制位均为0时，结果位才为0，否则为1。即：0|0=0，0|1=1，1|0=l，1|1=1。

4．按位“异或”运算符“^”

运算规则：参与运算的两个数对应的二进制位相“异或”，也即是说当二进制位相异时，结果为 1，否则为 0。即：0^0=0，0^1=1，1^0=l，1^1=0。

5．按位“取反”运算符“~”

运算规则：参与运算的一个数的各二进位按位取“反”，也就是说 0 变成 1，1 变成 0。即：~0=1，~1=0。

6．“左移”运算符“<<”

运算规则：将“<<”与算符左边的运算数的二进制位全部左移若干位，高位左移溢出部分丢弃，低位补 0。

7．“右移”运算符“>>”

运算规则：将“>>”与算符左边的运算数的二进制位全部右移若干位，低位右移部分丢弃。对于无符号数高位补 0；对于有符号数，如果原来符号位为 0（正数），则高位补 0，如果符号位为 1（负数），则高位补 0 或 1 由计算机系统决定。

8．位复合赋值运算符

C 语言提供了 5 种位复合赋值运算符：&=、|=、^=、<<=和>>=。运算符为双目运算符。位复合赋值运算符先对右值进行相应的位运算，然后再将运算结果赋值给与算符左侧的变量。右值只能是整型或字符型的数据。

相关的实验如下：

1.【实验内容 1】

在程序中给定两个正整数，分别将它们进行以下操作

（1）连续多次左移、右移一位。

（2）连续多次左移、右移两位。

请以十进制、十六进制显示每一次的结果。

思路提示：本试验内容主要应用左移运算符“<<”和右移运算符“>>”。

源程序如下：

```
#include<stdio.h>
int main()
{
   int small,big,index,count;

   printf("left(%%d)   left(%%x)   right(%%d)   right(%%x)\n\n");
   small = 1;         /* 初始化小数  */
   big = 0x4000;      /* 初始化大数 */
   for(index = 0;index < 17;index++)
   {
      printf("%10d %10x %10d  %10x\n",small,small,big,big);
      small = small << 1;      /* 将小数左移一位  */
      big = big >> 1;          /* 将大数右移一位 */
   }
```

```
    getchar();   /* 按键后继续  */
    printf("\n");

    printf("  left(%%d)    left(%%x)   right(%%d)  right(%%x)\n\n");
    count = 2;
    small = 1;
    big = 0x4000;
    for(index =0;index < 9;index++)
    {
      printf("%10d %10x %10d  %10x\n",small,small,big,big);
      small = small << count;   /* 小数左移2位 */
      big =big >> count;     /* 大数右移2位 */
    }

    return 0;
}
```

程序运行结果如图 12-1 所示。

```
left(%d)   left(%x)   right(%d)   right(%x)

         1          1      16384       4000
         2          2       8192       2000
         4          4       4096       1000
         8          8       2048        800
        16         10       1024        400
        32         20        512        200
        64         40        256        100
       128         80        128         80
       256        100         64         40
       512        200         32         20
      1024        400         16         10
      2048        800          8          8
      4096       1000          4          4
      8192       2000          2          2
     16384       4000          1          1
     32768       8000          0          0
     65536      10000          0          0


  left(%d)    left(%x)   right(%d)  right(%x)

         1          1      16384       4000
         4          4       4096       1000
        16         10       1024        400
        64         40        256        100
       256        100         64         40
      1024        400         16         10
      4096       1000          4          4
     16384       4000          1          1
     65536      10000          0          0
Press any key to continue
```

图 12-1　实验内容 1 运行结果图

2.【实验内容 2】

编写函数，使给出一个数的原码形式，能得到该数对应的补码。要求在主函数中以八进制形式输入原码，输出补码。

思路提示：本实验内容涉及的知识点是：按位与运算符“&”和按位异或运算符“^”。

该实验内容源程序如下：

```
unsigned int code(unsigned int x)  /* 已知数的原码形式x，求补码 */
{
    unsigned int y,z;

    y=x&0x8000;             /*  判断数的符号  */
    if(y==0)                /* 如是正数  */
      z=x;
    else                    /* 如果是负数 */
       z=(x^0x7fff)+1;

    return z;
}

#include <stdio.h>

int main()
{
  unsigned int x;

  printf("input a number in %%o ");
  scanf("%o",&x);                  /* 以八进制形式输入原码  */

  printf("its code is: %o\n",code(x)); /* 以八进制形式输出补码 */

  return 0;
}
```

对于正数而言，其补码的值与原码的值相同；对于负数而言，其补码的值为它的反码值加 1。当输入正数时，本实验运行结果如图 12-2 所示；当输入负数时，本实验运行结果如图 12-3 所示。

```
input a number in %o 3406
its code is: 3406
Press any key to continue
```

图 12-2　实验内容 2 输入正数时的结果图

```
input a number in %o -34071
its code is: 37777734071
Press any key to continue_
```

图 12-3　实验内容 2 输入负数时的结果图

四、实验报告要求

结合实验准备方案和实验过程记录，掌握按位运算的概念和方法，总结通过位运算实现对某些位操作的方法。

认真书写实验报告，注意自己在编译过程中出现的错误，分析原因。

第 13 章 综合实验

本章的实验内容不对应教材的某个具体章节，而是对整个课程所有知识点的综合应用。通过模拟开发一个简单的电话号码存储系统，让读者体验软件开发的基本过程，学会绘制程序的流程图，同时把各知识点（如：选择结构、循环结构、数组、函数、结构体、文件等）融合在一起编写一个比较长的程序。通过本实验，强化读者对各知识点的理解，使读者把本课程的内容融会贯通。

实验 22　综合实验

一、实验学时

4 学时

二、实验目的和要求

一个软件的开发，包含需求分析、可行性分析、初步设计、详细设计、形成文档、建立初步模型、编写详细代码、测试修改、发布等多个步骤。本次实验按照需求分析、整体设计、详细设计、软件开发、测试和文档整理这几个阶段进行。综合使用 C 语言的变量、顺序结构、分支结构、循环结构、函数、数组、结构体和文件等知识来实现电话号码存储系统。

三、实验内容和操作步骤

电话号码存储系统

第一部分：需求分析

超市中，经常需要保存客户的名称、电话号码、地址等信息，以方便进行送货上门、订购服务。

电话号码目录是拥有大量数据的存储库，提供有关个人和组织的信息，简易的电话号码存储系统可以采用 C 语言来实现，并且这些信息可以保存在磁盘文件上。

随着新客户信息的加入、一些非活跃客户信息的删除以及某些客户信息的改变，必须经常地更新目录。因此在电话号码存储系统中除了有添加、删除、修改功能外，还必须有查询数据的功能。

第二部分：整体设计

系统采用 C 语言编写，电话号码目录要求存在一个名为 telephone.dat 的文件中，该文件应包括下列订户详细信息：

- 客户名字（最多 30 个字符）;
- 地址（最多 50 个字符）;
- 电话号码（介于 1300000000 和 19999999999 之间）。

telephone.dat 文件始终应该按客户名排序，而不管执行的是什么操作。

根据需求分析，电话号码存储系统应具有添加新客户、修改、删除非活跃客户、按照客户名或电话号码查询和显示全部客户信息等功能。因此，该系统可以从如图 13-1 所示的菜单开始。根据客户的选择，将执行对应的操作。对应的整体框架的流程图如图 13-2 所示。

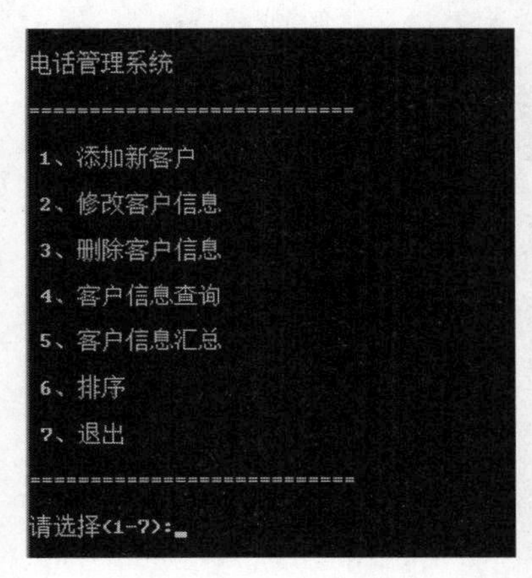

图 13-1　系统菜单

整体框架的代码如下：

```
#include <stdio.h>
#include <stdlib.h>
#include <string.h>

void input();//添加新客户函数
void amend();//修改客户信息函数
void delete_client();//删除客户信息函数
void demand_client();//客户信息查询函数
void collect_telephone();//客户信息汇总函数
void save_client(struct telephone message);//保存函数
void demand_name();//按客户名查询
void demand_telephone();//按电话号码查询
void paixu();//排序
void main()
{
    char choice[10]="";
    int len=0;
    while (choice[0]!='7')
    {
        system("cls");
```

```
        printf("\n电话管理系统\n");
        printf("\n===========================\n");
        printf("\n  1、添加新客户\n");
        printf("\n  2、修改客户信息\n");
        printf("\n  3、删除客户信息\n");
        printf("\n  4、客户信息查询\n");
        printf("\n  5、客户信息汇总\n");
        printf("\n  6、排序\n");
        printf("\n  7、退出\n");
        printf("\n===========================\n");
        printf("\n请选择(1-7):");
        scanf("%s",choice);
        len=strlen(choice);
    if(len>1)
        {
            printf("\n请输入1-7之间的整数\n");
            printf("\n按任意键返回主菜单……\n");
            getchar();
            getchar();
            continue;
        }

        switch (choice[0])
        {
        case '1':
            input();
            break;
        case '2':
            amend();
            break;
        case '3':
            delete_client();
            break;
        case '4':
            demand_client();
            break;
        case '5':
            collect_telephone();
            break;
        case '6':
            paixu();
            break;
        default:
            break;

        }
    }
}
//添加新客户函数
void input(){  }
//修改客户信息函数
void amend(){  }
```

```
//删除客户信息函数
void delete_client(){  }
//客户信息查询函数
void demand_client(){  }
//客户信息汇总函数
void collect_telephone(){  }
//客户信息排序函数
void paixu(){  }
```

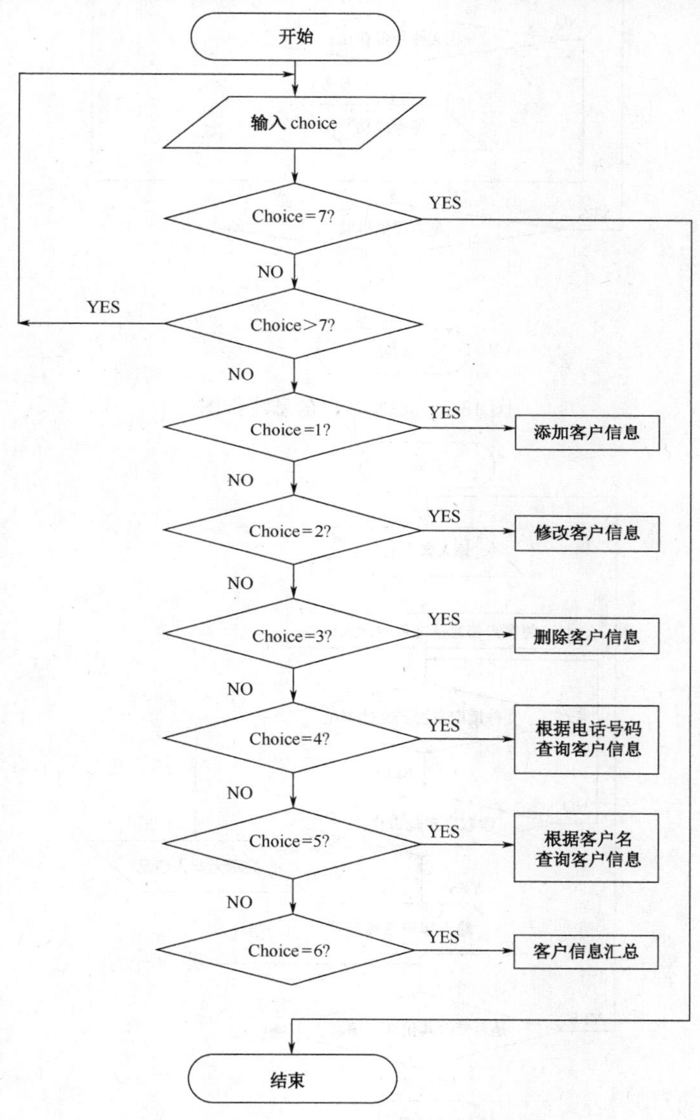

图 13-2 系统整体框架流程图

功能设计

（1）添加客户信息。

添加客户信息的流程图如图 13-3 所示。

（2）修改客户信息。

修改客户信息流程图如图 13-4 所示。

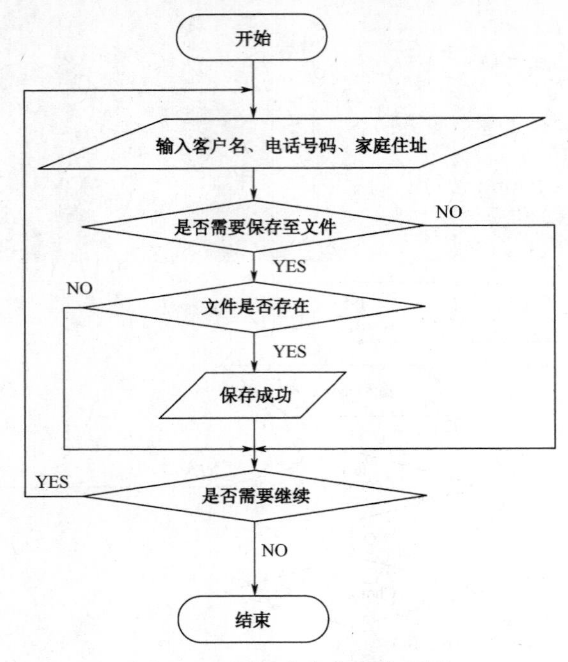

图 13-3　添加客户信息流程图

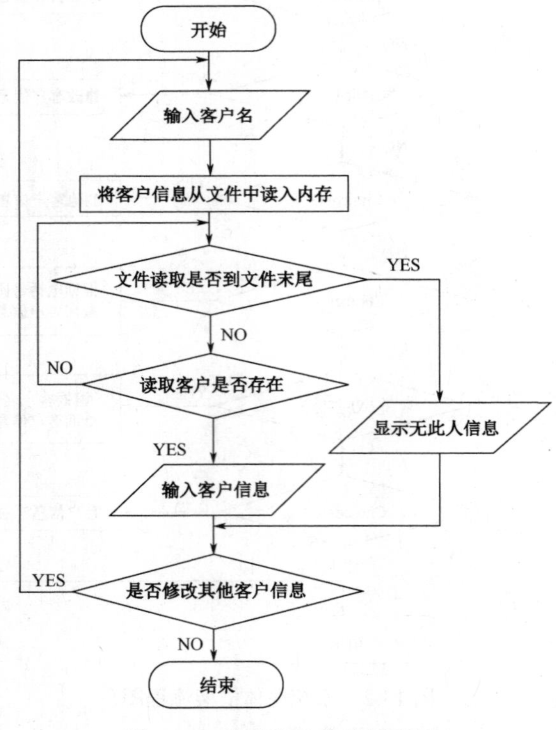

图 13-4　修改客户信息流程图

（3）删除客户信息。

删除客户信息流程图如图 13-5 所示。

（4）根据电话号码查询客户信息。

根据电话号码查询客户信息的流程图如图 13-6 所示。

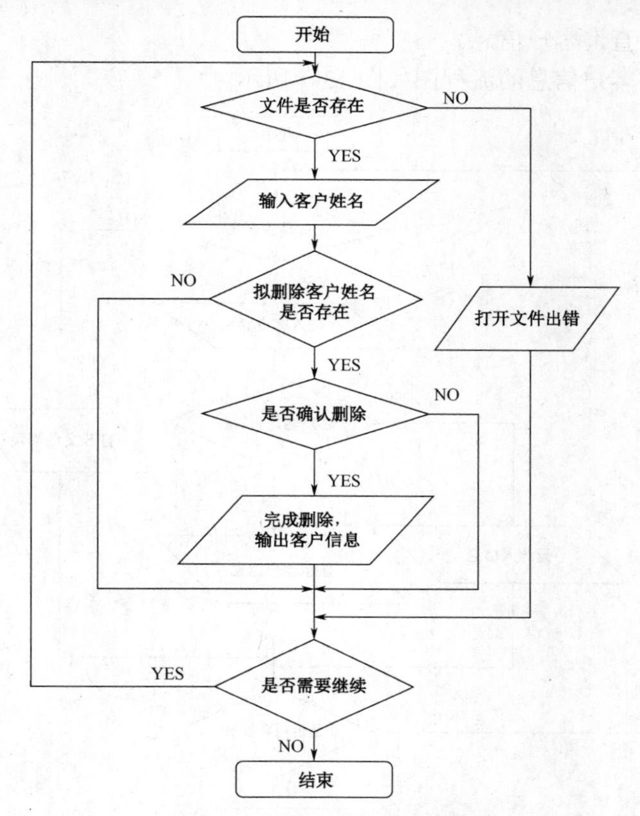

图 13-5　删除用户信息流程图

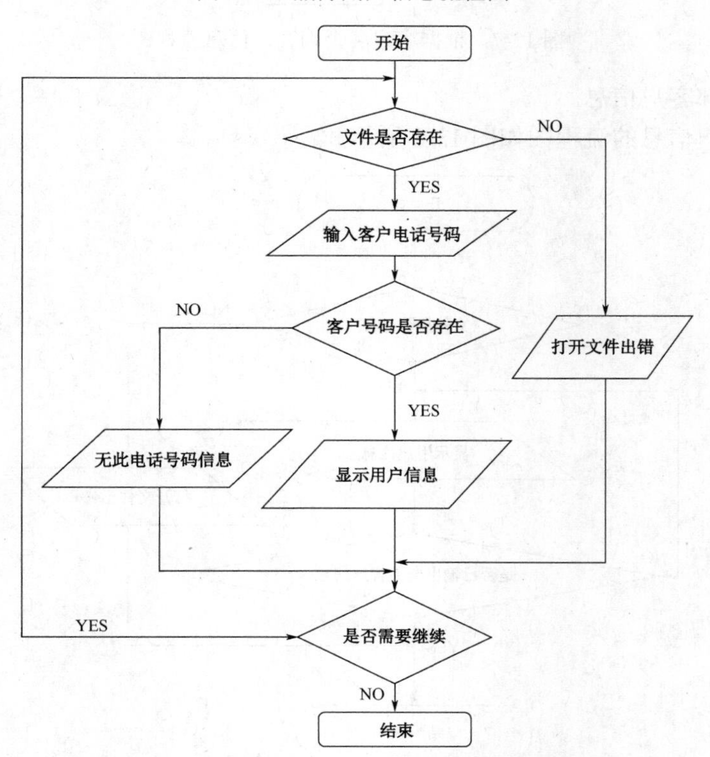

图 13-6　根据电话号码查询客户信息流程图

（5）根据客户名查询客户信息。

根据客户名查询客户信息的流程图如图 13-7 所示。

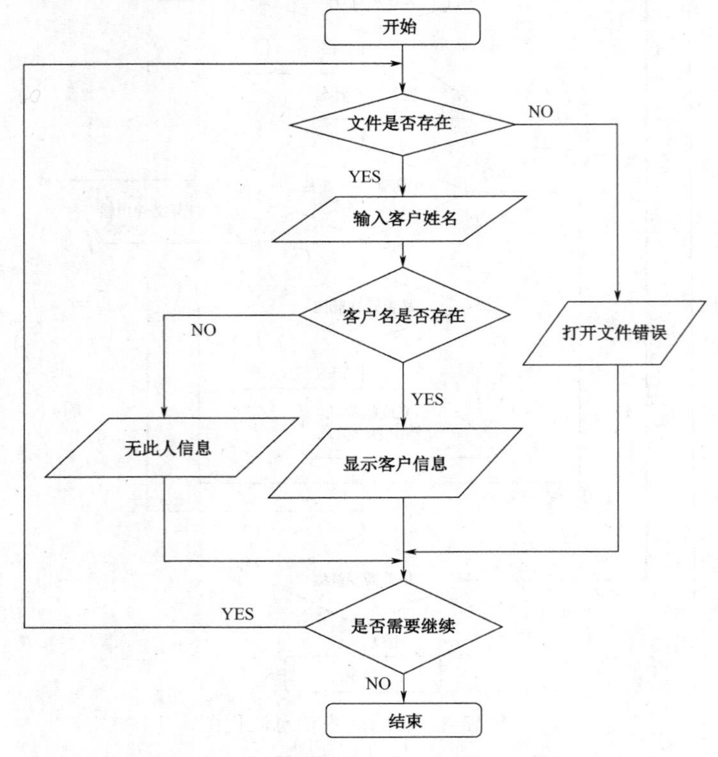

图 13-7　根据客户名查询客户信息流程图

（6）显示全部客户信息。

显示全部客户信息的流程图如图 13-8 所示。

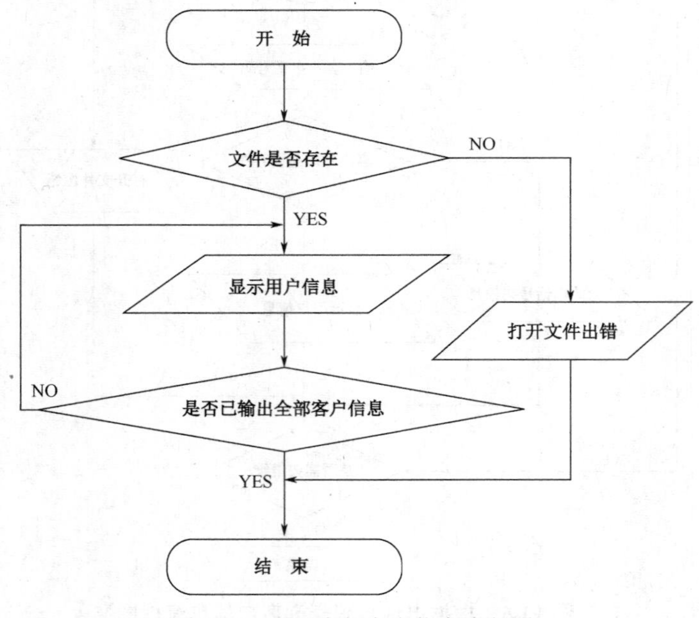

图 13-8　显示全部客户信息流程图

源程序

```
#include <stdio.h>
#include <stdlib.h>
#include <string.h>
#define N 100

void input();                                    //添加新客户函数
void amend();                                    //修改客户信息函数
void delete_client();                            //删除客户信息函数
void demand_client();                            //客户信息查询函数
void collect_telephone();                        //客户信息汇总函数
void save_client(struct telephone message); //保存函数
void demand_name();                              //按客户名查询
void demand_telephone();                         //按电话号码查询
void paixu();                                    //排序


struct telephone
{
   char client_name[20];
   char client_address[30];
   char client_telephone[15];
};

int  main()
{
   char choice[10]="";
   int len=0;
   while (choice[0]!='7')
   {
      system("cls");
      printf("\n电话管理系统\n");
      printf("\n===========================\n");
      printf("\n  1、添加新客户\n");
      printf("\n  2、修改客户信息\n");
      printf("\n  3、删除客户信息\n");
      printf("\n  4、客户信息查询\n");
      printf("\n  5、客户信息汇总\n");
      printf("\n  6、排序\n");
      printf("\n  7、退出\n");
      printf("\n===========================\n");
      printf("\n请选择(1-7):");
      scanf("%s",choice);
      len=strlen(choice);
      if (len>1)
      {
         printf("\n请输入1-6之间的整数\n");
         printf("\n按任意键返回主菜单……\n");
```

```
            getchar();
            getchar();
            continue;
        }

        switch (choice[0])
        {
        case '1':
            input();
            break;
        case '2':
            amend();
            break;
        case '3':
            delete_client();
            break;
        case '4':
            demand_client();
            break;
        case '5':
            collect_telephone();
            break;
        case '6':
            paixu();
            break;
        default:
            break;

        }
    }
    return 0;
}

//添加新客户函数
void input()
{
    struct telephone message;
    char reply='y';
    char save='y';
    while (reply=='y')
    {
        system("cls");
        printf("\n客户姓名: ");
        scanf("%s",message.client_name);
        printf("\n家庭住址: ");
        scanf("%s",message.client_address);
        printf("\n电话号码: ");
        scanf("%s",message.client_telephone);
```

```
        printf("\n要保存吗?(y/n):");
        scanf(" %c",&save);
        if (save=='y')
        {
            save_client(message);
        }
        printf("\n要继续吗?(y/n):");
        scanf(" %c",&reply);
    }
    printf("\n按任意键返回主菜单……\n");
    getchar();
    getchar();
}

//保存函数
void save_client(struct telephone message)
{
    FILE *fp;
    fp=fopen("message.dat","a+");
    if (fp!=NULL)
    {
        fwrite(&message,sizeof(struct telephone),1,fp);
    }
    else
    {
        printf("\n打开文件时出现错误，按任意键返回……\n");
        getchar();
        return;
    }
    fclose(fp);
}

//修改客户信息函数
void amend()
{
    struct telephone message;
    FILE *fp;
    char amend_name[20];
    char reply='y';
    char found='y';
    char save='y';
    int size=sizeof(struct telephone);
    while (reply=='y')
    {
        found='n';
        fp=fopen("message.dat","r+w");
        if (fp!=NULL)
        {
```

```
        system("cls");
        printf("\n请输入你要修改的姓名：");
        scanf("%s",amend_name);
        while ((fread(&message,size,1,fp))==1)
        {
            if ((strcmp(amend_name,message.client_name))==0)
            {
                found='y';
                break;
            }
        }
        if (found=='y')
        {

            printf("\n==========================================\n");
            printf("\n客户姓名:%s\n",message.client_name);
            printf("\n家庭地址:%s\n",message.client_address);
            printf("\n电话号码:%s\n",message.client_telephone);
            printf("\n==========================================\n");
            printf("\n修改客户信息：\n");
            printf("\n客户姓名：");
            scanf("%s",message.client_name);
            printf("\n家庭住址：");
            scanf("%s",message.client_address);
            printf("\n电话号码：");
            scanf("%s",message.client_telephone);
            printf("\n要保存吗?(y/n):");
            scanf(" %c",&save);
            if (save=='y')
            {
                fseek(fp,-size,1);
                fwrite(&message,sizeof(struct telephone),1,fp);
            }
        }
        else
        {
            printf("\n无此人信息!\n");
        }
    }
    else
    {
        printf("\n打开文件时出现错误，按任意键返回……\n");
        getchar();
        return;
    }
    fclose(fp);
    printf("\n要继续吗?(y/n):");
    scanf(" %c",&reply);
```

```
    }
    printf("\n按任意键返回主菜单……\n");
    getchar();
    getchar();
}

//删除客户信息函数
void delete_client()
{
    struct telephone message[N];
    struct telephone temp_str;
    struct telephone delete_str;
    int i=0,j=0;
    char reply='y';
    char found='y';
    char confirm='y';
    char delete_name[20];
    FILE *fp;
    while (reply=='y')
    {
        system("cls");
        fp=fopen("message.dat","r");
        if (fp!=NULL)
        {
            i=0;
            found='n';
            printf("\n请输入你的姓名: ");
            scanf("%s",delete_name);
            while ((fread(&temp_str,sizeof(struct telephone),1,fp))==1)
            {
                if ((strcmp(delete_name,temp_str.client_name))==0)
                {
                    found='y';
                    delete_str=temp_str;
                }//查找要删除的记录
                else
                {
                    message[i]=temp_str;
                    i++;
                }//将其他无关记录保存起来
            }
        }
        else
        {
            printf("\n打开文件时出现错误，按任意键返回……\n");
            getchar();
            return;
        }
```

```
        fclose(fp);
        if (found=='y')
        {
            printf("\n===============================================\n");
            printf("\n客户姓名:%s\n",delete_str.client_name);
            printf("\n家庭地址:%s\n",delete_str.client_address);
            printf("\n电话号码:%s\n",delete_str.client_telephone);
            printf("\n===============================================\n");
        }
        else
        {
            printf("\n无此人信息，按任意键返回……\n");
            getchar();
            break;
        }
        printf("\n确定要删除吗?(y/n):");
        scanf(" %c",&confirm);
        if (confirm=='y')
        {
            fp=fopen("message.dat","w");
            if (fp!=NULL)
            {
                for(j=0;j<i;j++)
                {
                    fwrite(&message[j],sizeof(struct telephone),1,fp);
                }
                printf("\n记录已删除!!!\n");
            }
            else
            {
                printf("\n打开文件时出现错误，按任意键返回……\n");
                getchar();
                return;
            }
            fclose(fp);
        }
        printf("\n要继续吗?(y/n):");
        scanf(" %c",&reply);
    }
    printf("\n按任意键返回主菜单……\n");
    getchar();
}


//客户信息查询函数
void demand_client()
{
    int choice=1;
```

```
    while (choice!=3)
    {
        system("cls");
        printf("\n电话查询菜单\n");
        printf("\n  1  按客户姓名查询\n");
        printf("\n  2  按电话号码查询\n");
        printf("\n  3  返回主菜单\n");
        printf("\n请选择(1-3):");
        scanf("%d%*c",&choice);
        if (choice>3)
        {
            printf("\n请输入1-6之间的整数\n");
            printf("\n按任意键返回菜单……\n");
            getchar();
            continue;
        }
        if (choice==1)
        {
            demand_name();
        }
        else if (choice==2)
        {
            demand_telephone();
        }
    }
}

//按客户名查询
void demand_name()
{
    struct telephone message;
    FILE *fp;
    char amend_name[20];
    char reply='y';
    char found='y';
    while (reply=='y')
    {
        found='n';
        fp=fopen("message.dat","r+w");
        if (fp!=NULL)
        {
            system("cls");
            printf("\n请输入你的姓名: ");
            scanf("%s",amend_name);
            while ((fread(&message,sizeof(struct telephone),1,fp))==1)
            {
                if ((strcmp(amend_name,message.client_name))==0)
                {
```

```
                    found='y';
                    break;
                }
            }
            if (found=='y')
            {

                printf("\n=============================================\n");
                printf("\n客户姓名:%s\n",message.client_name);
                printf("\n家庭地址:%s\n",message.client_address);
                printf("\n电话号码:%s\n",message.client_telephone);
                printf("\n=============================================\n");
            }
            else
            {
                printf("\n无此人信息!\n");
            }
        }
        else
        {
            printf("\n打开文件时出现错误，按任意键返回……\n");
            getchar();
            return;
        }
        fclose(fp);
        printf("\n要继续吗?(y/n):");
        scanf(" %c",&reply);
    }
    printf("\n按任意键返回主菜单……\n");
    getchar();
    getchar();
}

//按电话号码查询
void demand_telephone()
{
    struct telephone message;
    FILE *fp;
    char telephone[20];
    char reply='y';
    char found='y';
    while (reply=='y')
    {
        found='n';
        fp=fopen("message.dat","r+w");
        if (fp!=NULL)
        {
            system("cls");
```

```
            printf("\n请输入你的电话号码: ");
            scanf("%s",telephone);
            while ((fread(&message,sizeof(struct telephone),1,fp))==1)
            {
                if ((strcmp(telephone,message.client_telephone))==0)
                {
                    found='y';
                    break;
                }
            }
            if (found=='y')
            {

                printf("\n==========================================\n");
                printf("\n客户姓名:%s\n",message.client_name);
                printf("\n家庭地址:%s\n",message.client_address);
                printf("\n电话号码:%s\n",message.client_telephone);
                printf("\n==========================================\n");
            }
            else
            {
                printf("\n无此电话号码的有关信息!\n");
            }
        }
        else
        {
            printf("\n打开文件时出现错误，按任意键返回……\n");
            getchar();
            return;
        }
        fclose(fp);
        printf("\n要继续吗?(y/n):");
        scanf(" %c",&reply);
    }
    printf("\n按任意键返回主菜单……\n");
    getchar();
    getchar();
}

//客户信息汇总函数
void collect_telephone()
{
    struct telephone message;
    FILE *fp;
    fp=fopen("message.dat","r");
    if (fp!=NULL)
    {
        system("cls");
```

```
        printf("\n客户姓名\t\t家庭地址\t\t电话号码\n");
        while ((fread(&message,sizeof(struct telephone),1,fp))==1)
        {
            printf("\n%-24s",message.client_name);
            printf("%-25s",message.client_address);
            printf("%-12s\n",message.client_telephone);
        }
    }
    else
    {
        printf("\n打开文件时出现错误，按任意键返回……\n");
        getchar();
        return;
    }
    fclose(fp);
    printf("\n按任意键返回主菜单……\n");
    getchar();
}

void paixu()
{
    FILE *fp;
    struct telephone message,temp[N],a;
    int i,j,k;
    fp=fopen("message.dat","r");
    for (i=0;(fread(&message,sizeof(struct telephone),1,fp))==1;i++)
    {
        temp[i]=message;
    }
    for (k=0;k<i-1;k++)
    {
        for (j=k+1;j<i;j++)
        {
            if ((strcmp(temp[k].client_name,temp[j].client_name))>0)
            {
                a=temp[k];
                temp[k]=temp[j];
                temp[j]=a;
            }
        }
    }
    fclose(fp);
    fp=fopen("message.dat","w");
    if (fp!=NULL)
    {
        for (j=0;j<i;j++)
        {
            fwrite(&temp[j],sizeof(struct telephone),1,fp);
```

```
        }
    }
    fclose(fp);
    getchar();
}
```

四、实验报告要求

结合实验准备方案和实验过程记录，掌握软件开发各个环节的基本任务和基本要求，总结软件开发的基本流程。

认真书写实验报告，注意自己在编译过程中出现的错误，分析原因。

参考文献

[1] 张宝剑，肖乐．C 语言程序设计实践教程．北京：水利水电出版社，2011．
[2] 李英明，曹凤链．C 语言程序设计上机指导与习题解析．南京：南京大学出版社，2007.
[3] 赵骥，苑尚尊．C 语言程序设计上机指导与习题解析．北京：清华大学出版社，2009.